南繁区有害生物识别与防控

郭　涛　王　辉　张起恺　主编

中国农业科学技术出版社

图书在版编目（CIP）数据

南繁区有害生物识别与防控 / 郭涛，王辉，张起恺主编. --北京：中国农业科学技术出版社，2023. 12

ISBN 978-7-5116-6293-4

Ⅰ. ①南… Ⅱ. ①郭… ②王… ③张… Ⅲ. ①作物 病虫害防治—海南 Ⅳ. ①S435

中国国家版本馆CIP数据核字（2023）第 100825 号

责任编辑 李 华
责任校对 李向荣
责任印制 姜义伟 王思文

出 版 者 中国农业科学技术出版社
北京市中关村南大街 12 号 邮编：100081
电 话 （010）82109708（编辑室） （010）82109702（发行部）
（010）82109709（读者服务部）
网 址 https: // castp.caas.cn
经 销 者 各地新华书店
印 刷 者 北京地大彩印有限公司
开 本 185mm × 260mm 1/16
印 张 13.25
字 数 304 千字
版 次 2023 年 12 月第 1 版 2023 年 12 月第 1 次印刷
定 价 128.00 元

《南繁区有害生物识别与防控》

编委会

主　　编： 郭　涛（海南省南繁管理局）
王　辉（海南省南繁管理局）
张起恺（中国热带农业科学院环境与植物保护研究所）

副 主 编： 廖忠海（海南省南繁管理局）
黄春平（海南省南繁管理局）
梁　正（海南省南繁管理局）
张萱蓉（海南省南繁管理局）
周文豪（海南省南繁管理局）
蒲姝旸（海南省南繁管理局）
吕宝乾（中国热带农业科学院环境与植物保护研究所）

编写人员： 张巧芸（海南省南繁管理局）
方世凯（海南省南繁管理局）
钏秀娟（海南省南繁管理局）
冯健敏（海南省南繁管理局）
李　琳（海南省南繁管理局）
何俊燕（海南省南繁管理局）
何丽薪（海南省南繁管理局）
卢　辉（中国热带农业科学院环境与植物保护研究所）
唐继洪（中国热带农业科学院环境与植物保护研究所）
焦　斌（中国热带农业科学院环境与植物保护研究所）
何　杏（中国热带农业科学院环境与植物保护研究所）

图片提供者： 熊国如（中国热带农业科学院热带生物技术研究所）

主编单位： 海南省南繁管理局

技术支撑单位： 中国热带农业科学院环境与植物保护研究所

P 前 言
reface

南繁区是指海南南部一带的农业生产区域，由于该地区独特的自然条件和气候环境，使得该地区农业生产有着独特的优势和特点。南繁区温暖湿润的气候和丰富的降水资源为作物生长提供了良好的条件，同时该地区地势平坦，土壤肥沃，适合多种农作物的种植。因此，南繁区是海南重要的农业生产基地之一，也是中国南方农业生产的重要组成部分。由于南繁区的气候条件独特，加之高温高湿的气候特点，因此该地区病虫害防治工作相对困难，需要有一定的专业知识和技能。

本书主要关注南繁区常见的水稻、玉米、大豆、棉花和瓜类作物的病虫害，涵盖了各种病虫害的症状图片和详细信息，以及有效的防治方法，为农业生产者和科研工作者提供一份全面而实用的参考资料。详细地呈现各种病虫害的症状和特点是本书的重点之一。书中使用了大量的高清照片和图示，使读者能够清晰地看到各种病虫害在作物上的表现形态。同时，为了让读者更好地了解和应对这些问题，还提供了详细的防治措施和方法，帮助读者迅速掌握应对病虫害的技能。值得一提的是，在本书编写的过程中，遵循了科学、实用和易懂的原则，力求使本书成为易于理解和使用的参考书。希望读者能够轻松地找到所需的信息，并能够将这些信息转化为实际操作，从而有效地预防和治理作物病虫害。

相信这本书将会为所有关注农业生产和环境保护的人们提供帮助。本书将使农业生产者和科研工作者能够更好地了解和应对各种作物病虫害，提高作物产量和质量。同时，对环境保护有所关注的读者，本书也提供了一些有效的防治方法，帮助减少对环境的污染。

最后，对支持完成本书的人和机构表示感谢。特别感谢为本书提供灵感和帮助的专家学者和农业生产者，他们的知识和经验使得本书内容更加全面和实用。

编　者

2023年3月

目 录

Contents

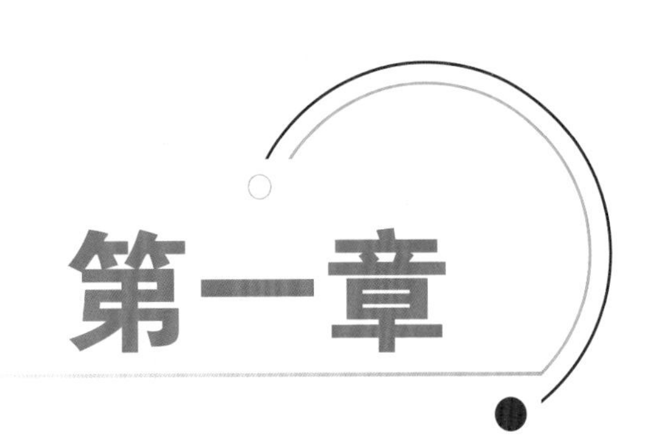

第一章

水稻病虫害

第一节 水稻病害

一、水稻稻瘟病

1. 病原

水稻稻瘟病的病原菌有稻巨座壳菌（*Magnaporthe oryzae*）和稻梨孢菌（*Pyricularia oryzae*）（常见）(Couch et al.，2002)。稻梨孢菌分生孢子梗不分枝，325根丛生，大小（80～160）μm×（4～6）μm，多个隔膜，基部较大，棕色，顶端弯曲；分生孢子无色，顶尖基部盾圆，梨形或粗棒状，两个分隔顶生，单生或者丛生（何桢锐等，2021；郭庆阳，2022）（图1-1）。

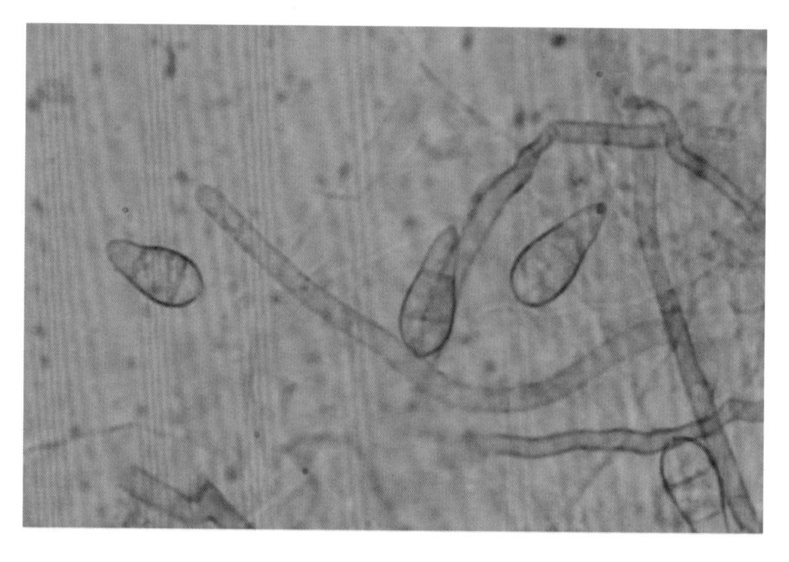

图1-1 稻梨孢菌

2. 分布地区

在南繁区均有分布。

3. 为害症状

叶瘟：秧苗3叶期至穗期均可发生，拔节期较多发。初染时，表现为水渍状斑点，随后成梭形斑，病斑上有褐色的坏死线，后期病斑中间灰白色，天气潮湿时，病斑处长出灰白色霉状物（何桢锐等，2021）（图1-2）。

图1-2　叶瘟症状

节瘟：多发生在稻株底部，早期稻节上有棕色小点，后延伸至全节，后节部黯化糜烂或塌陷，干旱时病部易碎，早期发生可引起白穗（何桢锐等，2021）。

穗颈瘟：病斑一般在颈部和枝梗，初期为黑褐色，后期为深褐色，高湿环境下，病斑上生成霉层（图1-3）。早发生的出现白穗，晚发生的，颗粒不饱满，空秕率增多，千粒重减小，米质较差，且碎米率高。

图1-3　穗颈瘟症状

谷粒瘟：主要在谷粒的颖壳上出现，早期的病斑呈卵形，灰洁白，随着稻谷的成长，病斑逐渐不突出；起病较迟的病斑为棕黄色，卵形至不规则形（图1-4）。严重时会造成谷粒枯白，形成秕谷。

图1-4　谷粒瘟症状

4. 发生规律

常年发生且广泛分布于水稻种植地区，一旦发生大面积感染，轻者减产10%～20%，重者减产40%～50%，更甚者颗粒无收。在海南，每年种植水稻都有稻瘟病的发生（周爱明等，2022；肖开杰，2022）。受气温和湿度的影响较大，高温、潮湿天气容易发生。温度较为炎热，特别是在27℃左右最易发病。连续阴雨天且湿度较大时易导致稻瘟病的严重暴发，或者持续高温，连续阴雨，突然高温，易引起稻瘟病发生。

5. 防治措施

在水稻各个生育期，防治稻瘟病均以预防为主。

（1）农业防治。①在选种阶段，应当选择抗病丰产品种，所挑选的品种每2～3年就要进行轮换，这样能够有效避免稻瘟病病菌的滋生。②播种前，应先进行浸种处理。用50℃温开水浸种5min。再用70%甲基硫菌灵可湿性粉剂1 000倍液浸种。捞出后清水冲洗3～4次。用2%福尔马林浸种20～30min，然后用薄膜覆盖闷种3h。③做好农田无病处理工作，及时清除田间杂草，消灭稻田稻草菌源。④做好水肥管理工作，提高水稻植株抗病能力，及时做好基肥追施工作，控制好氮肥使用量。

（2）生物防治。使用生物农药1 000亿芽孢/g枯草芽孢杆菌可湿性粉剂防治水稻稻瘟病效果较好。个别研究者还从几百株分离菌中挑选了两株对穗颈瘟防效较好的枯草芽孢杆菌，研究发现，荧光假单胞杆菌对稻瘟病的抑制效果比较理想。另外，还有研究者对放线菌类生物农药进行了研究，放线菌可产生多种抗生素类和酶类物质，对病原菌有抑制作用。也有人研究了植物源农药，发现孜然种子丙酮提取物也对稻瘟病菌孢子的萌发有较好的抑制作用。

（3）化学防治。抓住关键时期，适时用药。发病初期喷洒20%三环唑（克瘟唑）可湿性粉剂1 000倍液或用40%稻瘟灵（富士一号）乳油1 000倍液、25%吡唑醚菌酯悬浮剂1 200倍液、50%甲基硫菌灵可湿性粉剂1 000倍液、50%稻瘟肽可湿性粉剂1 000倍液、40%克瘟散乳剂1 000倍液、50%异稻瘟净乳剂500～800倍液。上述药剂也可添加40mg/

kg春雷霉素或加展着剂效果更好。研究表明，45%咪鲜胺水乳剂、40%稻瘟酰胺悬浮剂、50%多菌灵可湿性粉剂、75%肟菌·戊唑醇可湿性粒剂对稻瘟病菌有较强的杀菌作用（朱峰等，2023）。叶瘟病要连防2～3次，穗瘟病要抓住关键时期进行防治。对枝叶茂密的区域，要定期用药，有较好的防治效果。特别是防治穗瘟病时一定要注意用药方法。晴天打药，一般应选择在10时以前或16时以后，兑水量必须充足，以确保药液能在叶片上保持一定的吸收时间。

参考文献

郭庆阳，2022. 水稻稻瘟病孢子和纹枯病菌显微图像的分类研究 [D]. 大庆：黑龙江八一农垦大学.

何桢锐，黄晓彤，舒灿伟，等，2021. 稻瘟病菌真菌病毒的研究进展 [J]. 热带生物学报，12（3）：385-392.

肖开杰，2022. 海南水稻稻瘟病的症状及防治研究进展 [J]. 农家参谋（6）：55-57.

周爱明，罗鸷峰，汪燕君，2022. 水稻稻瘟病发生情况及防治对策 [J]. 南方农业，16（12）：4-6.

朱峰，王继春，田成丽，等，2023. 8种杀菌剂对水稻稻瘟病菌的室内毒力测定及苗期防治效果 [J/OL]. 东北农业科学：1-7.

COUCH B C，KOHN L M，2002. A multilocus gene genealogy concordant with host preference indicates segregation of a new species，*Magnaporthe oryzae*，from *M. grisea* [J]. Mycologia，94（4）：683-693.

二、水稻纹枯病

1. 病原

水稻纹枯病的病原菌为立枯丝核菌（*Rhizoctonia solani* Kühn）（Ogoshi，1987）。菌丝初期呈白色，较稀疏，呈辐射状向四周扩展，近直角分枝，有隔膜；后期菌丝颜色由褐色转为黑褐色，数量增多，出现菌丝聚合体，生长速度较快，生长后期有近圆形至不规则形菌核，颜色褐色至深褐色，表面粗糙。新生菌丝细胞粗而短，缢缩较明显，老熟菌丝细而长，缢缩不明显，褐色，壁厚，可分化成念珠状细胞，菌丝细胞多核，每个细胞具有3个或更多细胞核（拓宁等，2015）。

2. 分布地区

在南繁区均有分布。

3. 为害症状

水稻纹枯病又称麻脚秆病，感染会对秸秆、叶片及叶梢造成严重影响，导致水稻秸秆茎基出现腐烂，造成水稻植株枯萎。叶片周围表面出现褐色病斑，严重的情况下，病斑会逐渐连成一片，产生不规则云纹状斑点（骆丹等，2020）。在天气潮湿环境下，水稻植株患病区域会产生大量的蛛丝状菌体，甚至会出现紫褐色菌核（图1-5）。

图1-5　水稻纹枯病为害症状

4. 发生规律

水稻纹枯病病菌喜好高温、高湿环境，在25～30℃环境下，土壤湿度80%以上易造成纹枯病病菌大量繁殖，降水量决定当年的发病程度和蔓延趋势（夏汉炎，2021）。pH值对立枯丝核菌的生长也有一定影响，过高或过低均不利于病菌生长，pH值5.0时最适于菌丝生长和菌核萌发。该菌为土传病菌，在土壤中生存，受茬口、耕作方式和土壤类型影响也很大。重茬、迎茬条件下发病较严重，平作比垄作发病重，岗地、白浆土和黏质草甸土发病重，沙壤土和沙质草甸土发病轻，有机质含量高的土壤中病害发生程度较轻。病害在排水不良的低洼地块发生程度重，土壤潮湿易板结，不利于幼苗萌发和出土，易受到病原菌侵染。

5. 防治措施

（1）农业防治。①在选种时，选择抗（耐）病性能强的种子。②及时摧毁菌核，减少菌源。③控制好水稻株距。④做好基肥施肥管理工作，控制好氮、磷、钾肥施用量，合理做好施肥工作。⑤适时轮作，在不同作物的根系圈中会存在不同的微生物，然后使其与根系产生交互作用，例如水稻与油菜、水稻和黑麦草轮作。

（2）化学防治。在采用化学防治的过程中，需要在水稻植株分蘖期或者孕穗期，对气候环境加以分析，再进行喷药和工作。在喷药前，可以选择5%的井冈霉素水剂，也可以使用20%的粉剂，做好兑水和药剂喷洒工作，对纹枯病进行有效控制，最终提高水稻产量。常用的化学药剂有己唑醇、氟环唑、噻呋酰胺等，一般使用药剂拌种、药剂喷洒等方法。

（3）生物防治。主要是依靠不同菌类中的有益微生物对水稻纹枯病菌产生拮抗作用，从而降低植物病害的发病率，如哈茨木霉菌株、克里本类芽孢杆菌、枯草芽孢杆菌等。

参考文献

骆丹，田慧，张彩霞，等，2020. 植物立枯丝核菌根腐病研究进展 [J]. 中国植保导刊，40（3）：23-31.

拓宁，张君，邱慧珍，等，2015. 立枯丝核菌对马铃薯侵染过程的显微结构观察与胞壁降解酶活性的测定 [J]. 草业学报，24（12）：74-82.

夏汉炎，2021. 水稻纹枯病防治研究进展 [J]. 南方农业，15（27）：12-14.

OGOSHI A，1987. Ecology and pathogenicity of anastomosis and intraspecific groups of *Rhizoctonia solani* Kühn [J]. Annual Review of Phytopathology，25（1）：125-143.

三、水稻稻曲病

1. 病原

水稻稻曲病的病原菌［*Ustilaginoidea virens*（Cooke）Tak.］隶属于麦角菌科（Clavicipitaceae）绿核菌属（*Ustilaginoidea*）（王疏等，1998）。病菌在病粒上形成（6～12）μm×（4～6）μm的分生孢子座，最外层为大量松散的黄绿色或墨绿色的厚垣孢子，中间黄色层为正在产生厚垣孢子的菌丝，最里面是致密的白色菌丝及正在形成的分生孢子，生长后期可以在孢子座上看到黑褐色菌核，菌核呈扁平状、马蹄状或不规则圆球形等，质地较硬，易脱落（黄蓉等，2022）。可产生3种孢子，即子囊孢子、厚垣孢子和分生孢子。

2. 分布地区

在南繁区均有分布。

3. 为害症状

水稻抽穗扬花期间易感染稻曲病菌，为害水稻穗部谷粒，在谷粒外壳部位会产生淡黄色霉菌，严重情况下，淡黄色霉菌会逐渐膨大，最终使霉菌包裹稻壳（图1-6）。具体为病原菌在侵入颖花并不断生成白色的菌块后，从颖谷合缝处向外突起，初期不断膨大呈近球形，扁平状，表面平滑，由一层被膜包裹，后期菌球逐渐由淡黄色转变为墨绿色，最后开裂呈龟裂状，散出墨绿色粉末，体积为正常谷粒的3～4倍，而在昼夜温差较大的深秋，部分球菌两侧会形成形态各异的黑色菌核（图1-6）（郭予元等，2015）。稻曲病早期无发病症状，发病晚期才能鉴别出来。稻曲病致稻穗空秕粒明显上升，千粒重下降，一般可造成水稻产量损失20%～30%，同时降低稻米品质。此外，稻曲病菌还能产生两类真菌毒素，即稻曲毒素和黑粉菌素，对稻种萌发和胚芽生长有抑制作用（陈旭等，2019）。

图1-6　水稻稻曲病为害症状

4. 发生规律

受气候、品种及栽培等因素影响，稻曲病有明显的间歇性暴发流行特点（李小艳等，2022）。年度间的数量差异较大，且萌发和存活需要适宜的温度和流通的空气，菌核、厚垣孢子、分生孢子萌发和菌丝生长适宜温度均在25～30℃。越冬的厚垣孢子在4～6℃的低温环境下可存活8个月以上。

5. 防治措施

（1）农业防治。①抗病品种的筛选。选育抗病品种是减轻稻曲病为害最为经济和有效的措施。由于稻曲病的发生受自然环境影响较大，优先选择生育期较早的水稻品种，避免孕穗期与稻曲病发生所需的低温高湿环境相重叠，尽可能选择抗倒伏、抗病品种。水稻品种间对稻曲病的抗性差异很大，目前尚未发现完全不感病的品种。通过对不同类型品种进行抗性鉴定后发现，感病趋势一般表现为糯型品种>粳型品种>籼型品种，晚稻>早稻，杂交稻>常规稻，籼型三系杂交稻>籼型两系杂交稻（黄蓉等，2022）。②合理的栽培措施。播种前，用杀菌剂拌种或浸种有利于增强种子抗病性。插秧前翻耕土地，铲除杂物以消灭越冬菌核。种植过程中避免因种植密度较大造成稻田通风情况差、湿度偏高，给稻曲病的发生提供优良的环境条件。种植过程中合理施肥，尤其是氮肥，过量施用易导致稻株叶片过大且稻株氮碳比失调，造成水稻贪青晚熟，容易发病。此外，通过科学灌水，增强根系活力，可以提高抗病性。田间早期发现稻曲球，应及时将染病植株移出田块避免传染，水稻收获后需进行深翻，并撒生石灰进行消毒。

（2）化学防治。目前稻曲病最常用且有效的防治方法是在孕穗早期使用杀菌剂，大部分杀菌剂如立克秀、丙环唑、苯醚甲环唑和井冈霉素等均有较好防效，在“叶枕平”、破口期分2次细雾喷施750g/hm^2 NXF2014-12药剂对稻曲病防效较好，发病较重的田块可在齐穗期再次施药以减少稻曲病的发生与传染。

（3）生物防治。目前应用较多的是生防细菌，如复配枯草芽孢杆菌水剂纹曲宁。真菌类的木霉菌处于防治稻曲病的试验阶段，对稻曲病菌的抑制活性亦较高。另外，还可利用基因工程的方法诱导Harpin蛋白，激发水稻产生抗病性从而有效抑制稻曲病的发生（邢艳等，2021）。

参考文献

陈旭，邱结华，熊萌，等，2019. 稻曲病研究进展 [J]. 中国稻米，25（5）：30-36.

郭予元，2015. 中国农作物病虫害（上册）[M]. 第3版. 北京：中国农业出版社：71-73.

黄蓉，胡建坤，李保同，等，2022. 5种杀菌剂防治稻曲病田间药效对比试验与评价 [J]. 生物灾害科学，45（2）：117-121.

黄蓉，胡建坤，李保同，等，2022. 稻曲病菌生物学特性研究 [J]. 江西农业学报，34（4）：75-79，87.

李小艳，罗涛，杨芳，等，2022. 西南地区稻曲病的发生规律及综合防治策略 [J]. 南方农业，16（18）：11-13，23.

王疏，白元俊，周永力，等，1998. 稻曲病菌的病原学 [J]. 植物病理学报（1）：20-25.
邢艳，王军，杨娟，等，2021. 水稻稻曲病的发生规律及防治方法 [J]. 植物医生，34（4）：67-71.

四、水稻病毒病

1. 病原

南繁区水稻作物上主要流行的病毒病有两种，包括南方水稻黑条矮缩病和水稻齿叶矮缩病（赖丁王等，2016）。

南方水稻黑条矮缩病：病原为南方水稻黑条矮缩病毒（Southern rice black-streaked dwarf virus，SRBSDV），白背飞虱传播，属呼肠孤病毒科（Reoviridae）斐济病毒属（*Fijivirus*），SRBSDV病毒和斐济病毒（Fiji disease virus，FDV）有相似的形态，病毒粒子呈二十面体的球状结构，直径66～70nm，无包膜，由双层外壳构成，在二十面体的顶角处有12个长和直径约11nm的“A-spike”形突起，内核直径约55nm，内核中具有12个长约8nm、直径约12nm的“B-spike”形突起，外层衣壳很容易脱去A突起而形成带有B突起的内层粒子的亚病毒粒子（Subviral particle，SVP）（ZHOU et al.，2008；陈永涛等，2015）。

水稻齿叶矮缩病：病原为水稻齿叶矮缩病毒（Rice ragged stunt virus，RRSV），褐飞虱传播，属呼肠孤病毒科（Reoviridae）水稻病毒属（*Oryzavirus*），该病毒粒体与SRBSDV的病毒粒体一样同为正二十面体结构（赖丁王等，2016）。

2. 分布地区

在南繁区均有分布。

3. 为害症状

SRBSDV可侵染各个生育期的水稻，水稻感染后的症状因感染时期的不同而呈现差异，感染期越早，病害呈现的症状越严重，其典型症状包括植株矮化，叶色浓绿，叶尖卷曲，高节位产生气生根，茎秆着生纵向排列的白色瘤状突起。秧苗期染病植株表现典型且严重的矮化，不能拔节，重病株死亡；分蘖初期感病植株呈现明显矮化，后期不能抽穗或出现包颈穗，籽粒空瘪；分蘖期或拔节期染病植株矮化不明显，叶片僵直，包颈穗，籽粒空瘪。染病水稻植株后期呈现高节位分枝，气生根，茎秆上部有蜡状瘤突，瘤突早期为白色后期变褐，其产生的部位与感病时期相关，感病越晚，瘤状物产生的部位越高（赖丁王等，2016）。

感染RRSV的水稻植株症状表现为植株矮小、高位分蘖、分蘖增多、叶尖扭曲、叶色深绿、叶缘有锯齿状缺刻、叶鞘和叶片出现脉肿。各生育期的水稻均可感染RRSV，其中秧苗期感病的水稻植株症状最为典型，表现为植株严重矮缩，叶尖卷曲，叶片缺刻呈锯齿状；分蘖期和抽穗灌浆期感病的稻株则会出现包颈穗，穗小不实，但分蘖期表现更为明显，呈现植株轻微矮缩，叶片皱缩，叶缘破裂成缺口（李战彪，2019）（图1-7）。

图1-7　水稻病毒病为害症状

4. 发生规律

病毒病的发生，主要取决于带毒昆虫数量和发生迁移时期。病毒在媒介昆虫体内或越冬卵内越冬，第二年带毒成虫迁入秧田和早栽本田时，将病毒带入田间即为初次侵染源，以后继续随各代带毒成虫或若虫扩散蔓延。水稻感染病毒病的时期，主要在秧田期和本田返青分蘖期，水稻秧苗越幼嫩则越易感病，发病率越高，发病程度越严重（周国辉等，2010）。秧田期感病，全田病株分布均匀；本田初期感病，田中间发病较轻，边行较重。一般晚稻重于早稻。水稻品种抗病能力的强弱，与发病程度有密切关系。据调查，目前种植的水稻品种中，抗病性存在一定差异，但没有完全抗病的品种。栽培管理水平的好坏也与发病程度有密切关系。水稻播种与移栽期如与媒介昆虫的迁移高峰吻合，则发病重。稀密程度也影响发病轻重，合理密植，增加有效苗数，可相对减轻发病程度。每年3月中旬，褐飞虱和白背飞虱等迁入我国的华南、江南等地，并逐渐北上，为害北方稻区，8月中旬后持续南迁，10月底、11月初迁至华南及以南稻区（舒忠泽等，2022）。

5. 防治措施

（1）农业防治。①种植和推广抗（耐）病品种。通过多年调查测定，选用抗（耐）病毒病的优质品种用于生产，可减轻病情，是综合防治的首选。②消灭毒源植物。田边、沟边杂草，不但是一些病毒的寄主，而且也是传毒昆虫（灰飞虱、白背飞虱、二点叶蝉等）的越冬场所，清除杂草，不但减少了毒源植物，还可消灭在杂草上越冬的传毒昆虫，以减少病毒病的发生。③通过连片安排秧田和集中时段播种，可以切断其与虫源田的联系，并且有利于集中和统一防治，提高防治的效率和效果。

（2）化学防治。水稻病毒病素有“植物癌症”之称，一般遵循“治虫防病”原则，防治的关键主要针对水稻的生长节点和害虫的迁飞高峰。①控制好虫源，减少飞虱数量，控制传毒。②在水稻秧田期多次施药，避免由于飞虱的迁入高峰导致传毒。③使用药剂控制飞虱低龄若虫的数量，防止虫源、基数增长为害稻田。可将长期有效和短期有效的药剂结合，防止出现病毒抗药性。④注意做好水稻早、中、晚稻秧田易感期和返青分蘖期飞虱的防治工作，秧苗1心1叶期时要喷药，大田插秧7d后的重点工作是消灭飞虱。褐飞虱的防治可用噻嗪酮，白背飞虱的防治可用噻嗪酮或吡虫啉。

参考文献

陈永涛，金吉林，张兴无，等，2015. 南方水稻黑条矮缩病毒的分子生物学研究进展 [J]. 农业灾害研究，5（10）：18-21.

赖丁王，黄启星，张雨良，等，2016. 南繁区水稻病毒病调查与鉴定 [J]. 分子植物育种，14（3）：765-772.

李战彪，2019. 南方水稻黑条矮缩病毒与水稻齿叶矮缩病毒协生作用机理研究 [D]. 广州：华南农业大学.

舒忠泽，敖正友，唐光顺，等，2022. 3种常见水稻病毒病综合防治研究进展 [J]. 农业灾害研究，12（1）：1-3，6.

周国辉，张曙光，邹寿发，等，2010. 水稻新病害南方水稻黑条矮缩病发生特点及危害趋势分析 [J]. 植物保护，36（2）：144-146.

ZHOU G H，WEN J J，CAI D J，et al，2008. Southern rice black-streaked dwarf virus：a new proposed *Fijivirus* species in the family Reoviridae [J]. Chinese Science Bulletin，53（23）：3677-3685.

五、水稻胡麻叶斑病

1. 病原

水稻胡麻叶斑病病原菌为稻平脐蠕孢菌（*Bipolaris oryzae*），属于半知菌类（Fungi imperfecti）丝孢纲（Hyphomycetes）丝孢目（Hyphomycetales）的真菌（Ou，1985）。分生孢子梗单生，褐色，不分枝，顶端呈膝状弯曲，分生孢子呈长椭圆形、梭形、倒棍棒状，正直或向一侧弯曲，褐色，两端渐狭，钝圆，种脐较平，有5～10个假隔膜（图1-8）（陈洪亮等，2012；黄泽楷，2022）。

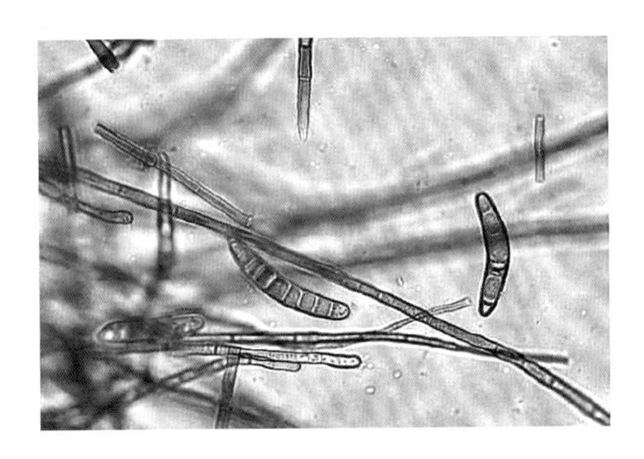

图1-8　稻平脐蠕孢分生孢子形态

2. 分布地区

在南繁区均有分布。

3. 为害症状

水稻胡麻叶斑病又叫胡麻叶枯病，主要为害水稻叶片，其次是稻粒。水稻胡麻叶斑病是海南早稻生产中为害较严重的病害，其症状是在叶片上散生许多如芝麻粒大小的病斑，病斑中央为灰褐色至灰白色，边缘为褐色，周围有黄色晕圈，病斑的两端无坏死线，严重时病斑互相融合成不规则的大病斑，病叶由叶尖逐渐向下干枯，以致整株枯死（图1-9）（孙双凤等，2021）。穗颈受害，呈褐色或灰褐色，造成枯穗。谷粒早期受害，重者全粒变灰黑色，造成瘪谷。谷粒质脆易碎，俗称“茶米”。

图1-9　水稻胡麻叶斑病为害症状

4. 发生规律

水稻胡麻叶斑病一种世界性的病害。该病害的发生一般导致水稻减产4%～52%，严重时能够达到90%以上，甚至近乎绝收（冯思琪等，2018）。在水稻生长的各个时期均可发生，其中水稻的苗期、孕穗期、抽穗期最易感病。该病可发生在水稻的幼芽、叶部、穗部、谷粒等部位。水稻胡麻叶斑病的症状多见于叶片和颖壳，也可在胚芽鞘、叶鞘和小穗上发生，很少在幼苗和茎部发生。

5. 防治措施

（1）农业防治。①挑选抗病品种。在对水稻胡麻叶斑病防治措施方面，以选择优良的抗病品种为主，目前抗水稻胡麻叶斑病的品种有三优十八、津稻1007、红光粳1号等。②加强肥水管理。对沙质土应多施有机肥，酸性土可施生石灰，稻苗生长缺氮时要增施氮肥和钾肥等；在灌溉方面，既要避免深水灌溉和长期积水，又要防止缺水受旱而诱发水稻胡麻斑病。

（2）化学防治。种子杀菌消毒，用强氯精、香根草、罗勒和普通百里香的精油可以通过种子处理来防止种子之间病菌的传播或者50%多菌灵可湿性粉剂500倍液等浸种48h，浸种后再进行催芽播种（侯钰煊等，2022）。作物生长时期同时进行必要的药剂防治，如爱苗等药剂在水稻抽穗前7d左右和齐穗期各喷施1次，对防治水稻胡麻叶斑病等病害有较好效果；含有印度楝树提取物和夹竹桃叶提取物对水稻胡麻叶斑病也有较好的防治效果。

参考文献

陈洪亮，彭陈，王俊伟，等，2012. 水稻胡麻叶斑病病原菌的分离及鉴定[J]. 西北农林科技大学学报（自然科学版），40（8）：83-88.

冯思琪，张亚玲，2018.水稻胡麻叶斑病的研究现状综述[J]. 安徽农学通报，24（20）：66-67.

侯钰煊，冯思琪，张亚玲，等，2022. 三种水稻病害病原菌对常用杀菌剂的敏感性测定[J]. 黑龙江八一农垦大学学报，34（3）：14-20.

黄泽楷，2022. 水稻品种资源抗胡麻叶斑病评价及抗性基因鉴定[D]. 武汉：华中农业大学.

孙双凤，王娟，徐梦伶，等，2021. 水稻胡麻叶斑病和水稻稻瘟病的发生特点及防治措施[J]. 湖北植保（2）：43-45.

六、水稻白叶枯病

1. 病原

水稻白叶枯病俗称着风、过火风、白叶瘟等，是我国水稻的主要病害之一，重发年份一般造成水稻产量损失10%～30%，发病严重的可达50%，甚至90%以上（王华弟，2017）。病原为假单胞细菌目（Pseudomonadales）假单胞菌科（Pseudomonadaceae）黄单胞菌属

（*Xanthomonas*）水稻白叶枯病菌（*Xanthomonas oryzae*），是野油菜黄单胞菌水稻致病变种（张芬，2011）。菌体短杆状（1.0～2.7）m×（0.5～1.0）m，极生或亚极生，单生，单鞭毛。革兰氏阴性菌，无芽孢和荚膜，菌体外包围着具黏质的胞外多糖（张芬，2011）。

2. 分布地区

在南繁区均有分布。

3. 为害症状

水稻的整个生长期均可发病（图1-10），病害症状分如下4种类型。

叶（缘）枯型：分蘖后病症较明显。多从叶尖或叶缘初现黄绿色或暗绿色斑点，后沿叶脉往下纵横发展成条状斑，范围达叶片基部和整个叶片。病健部交界线呈波纹状。病斑颜色最先为黄色或淡红褐色，后为灰白色或黄白色。湿度大时，病部出现蜜黄色珠状菌脓。

急性型：病斑暗绿色，扩展迅速，短时间内（几天）使得水稻全叶呈青灰色或灰绿色，纵卷青枯，病部有黄色珠状菌脓。

凋萎型：多发生在秧田后期至拔节期。初期病株心叶或心叶下1～2叶先失水、青卷，枯萎，后其他叶片相继青枯。病轻时仅1～2个分蘖青枯死亡，病重时整株整丛枯死。此时折断、挤压病株的茎基部会有大量黄色菌液溢出。刚青枯的心叶叶面有珠状黄色菌脓。

黄化型：新叶均匀褪绿呈黄色或黄绿色宽条斑，老叶颜色正常，病株生长受到抑制（叶观保，2022；雷树仙，2016）。

图1-10　水稻白叶枯病为害症状

4. 发生规律

气温在26～30℃、相对湿度在90%、多雨、日照不足、风速大的气候条件下，都有利于病害的发生流行；气温高于35℃或低于17℃，病害可受到抑制（张金萍和张建民，2016；韩卓，2018）。孕穗期、齐穗期受害最重，主要为害水稻叶片，严重时也可侵害叶鞘。该病暴发与气候息息相关，暴风雨造成水稻受伤，伤口极易染病。无暴风雨时，即使有病原体存在，病害也很少发生（张芬，2011）。

5. 防治措施

（1）农业防治。①选择抗病品种。选用株型紧凑、叶面较窄、叶片直立上举、穗型偏紧的高产优质抗病品种（张金萍和张建民，2016）。②加强管理。合理施肥用水，施足基肥，早施追肥，巧施穗肥，氮、磷、钾综合施用，防止偏施氮肥，做好渠系配套、排灌分家、浅水勤灌（韩卓，2018）。清除病田稻草残渣，病稻草不直接还田，防止病源菌传入秧田和本田。合理密植，加强肥水管理，防止串灌和长期深水灌溉，适时晒田，氮、磷、钾配合施用（雷树仙，2016）。

（2）化学防治。选用20%噻唑锌悬浮剂100～125mL，或20%噻菌铜悬浮剂100mL，或20%噻森铜悬浮剂100～120mL，兑水50kg喷雾防治；视病情发展和天气状况，过7～10d酌情再施药1次，预防和控制病害的发生流行（王华弟，2017）。发病初期，对稻苗喷20%氟硅唑咪鲜胺800～1 000倍液，注意观察变化，视病情可隔5～7d施1次。发病中期，20%氟硅唑咪鲜胺1 000倍液+2%氨基寡糖素1 200倍液，5～7d用药1次，连用2～3次（韩卓，2018）。

参考文献

成国英，苏清实，蔡福民，等，1994. 湖北省水稻白叶枯病菌致病型研究 [J]. 华中农业大学学报（6）：569-575.

韩卓，2018. 水稻白叶枯病防治技巧 [J]. 农民致富之友（24）：115.

姬广海，夏贤仁，肖鲁婷，等，2004. 云南水稻白叶枯病生理小种初析及鉴别品种的筛选 [J]. 云南农业大学学报（5）：541-545.

雷树仙，2016. 水稻白叶枯病的防治 [J]. 现代农村科技（4）：25.

李栋，何美丹，吴丹，等，2018. 海南普通野生稻对水稻白叶枯病的抗性鉴定 [J]. 分子植物育种，16（3）：832-839.

王华弟，陈剑平，严成其，等，2017. 中国南方水稻白叶枯病发生流行动态与绿色防控技术 [J]. 浙江农业学报，29（12）：2051-2059.

叶观保，陈学桥，陈观浩，2022. 水稻白叶枯病监测与绿色防控技术规程 [J]. 农业科技通讯（12）：188-190.

于俊杰，刘永锋，尹小乐，等，2011. 江苏水稻白叶枯病菌致病型的检测 [J]. 江苏农业学报，27（5）：1151-1153.
张芬，2011. 水稻稻瘟病和白叶枯病拮抗细菌的筛选及防治作用研究 [D]. 南京：南京农业大学.
张金萍，张建民，2016. 水稻白叶枯病防治技术 [J]. 现代农村科技（7）：26.
方中达，许志刚，过崇俭，等，1990. 中国水稻白叶枯病菌致病型的研究 [J]. 植物病理学报（2）：3-10.
徐羡明，曾列先，林璧润，等，1994. 广东水稻白叶枯病菌致病型研究 [J]. 植物保护（4）：7-9.

七、水稻细菌性条斑病

1. 病原

水稻细菌性条斑病（Bacterial leaf streak）简称细条病或BLS。一般减产10%～20%，重病的减产50%～60%（刘振东，2010）。病原为假单胞细菌目（Pseudomonadales）黄单胞菌属（*Xanthomonas*）水稻黄单胞菌致病变种（*Xanthomonas oryzae* pv. *oryzicola*，缩写*Xoc*）（刘维等，2022）。

2. 分布地区

在南繁区均有分布。

3. 为害症状

症状主要在水稻叶片，病斑最初为水浸状半透明的暗绿色小点，局限在叶脉间，随后快速向下扩展，最终为暗绿色至黄褐色的细条斑。病斑上常溢出大量串珠状黄色菌脓，干燥后在叶片表面呈胶状小粒，不易脱落。严重时许多病斑连在一起形成大块枯死斑，随后病斑不断延伸扩展，整片叶变成红褐色、黄褐色，最后形成枯白斑。病状与水稻白叶枯病病状极为相似，区别在于用叶片对着光时可看见半透明的条斑（刘振东，2010；刘维等，2022）（图1-11）。

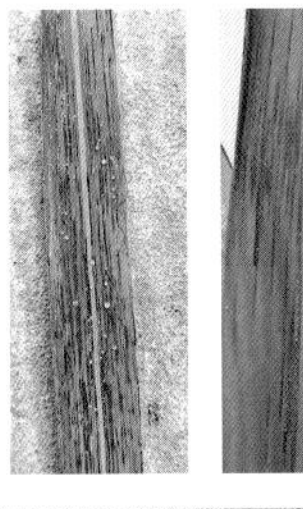

图1-11　水稻细菌性条斑病为害症状

4. 发生规律

主要为害水稻叶片。病原通过气孔进入水稻的叶肉组织，随后侵染和为害薄壁细胞，幼龄叶片最容易受害。水稻分蘖盛期到始穗期遇高温、高湿天气最易染病。在26～30℃、相对湿度85%以上时，此病易发生。台风和暴雨是引起该病大面积发生的最主要原因（刘振东，2010；陈波，2019）。

5. 防治措施

（1）农业防治。①加强检疫和疫情监测。加强对品种调运的检疫，发现疑似症状要及时诊断，已发生的疫情要进行分区治理，控制病情蔓延，设立预防保护区，将疫情发生区周边的水稻田定为保护区，并对保护区实行全程监控和预防。②种子处理。选用抗病品种。③加强管理。均衡施肥、控制氮肥用量、浅水灌溉。及时晒田，避免串灌、漫灌。合理控制种植密度，减少稻叶摩擦。带病稻草及时焚烧。除草、打药等农事活动时不带露水进行，以控制疫情的蔓延。合理轮作换茬，对新病区和有条件的老病区，特别是发病中心田块，进行水旱轮作，可改种蔬菜、莲藕或棉花、大豆等。

（2）化学防治。①播种前先将种子用清水浸12h，再用氯溴异氰尿酸或三氯异氰尿酸（强氯精）300～500倍液加赤·吲乙·芸苔（碧护）5 000倍液浸种12h，捞起洗净后催芽（陈波，2019）。或浸种前晒种2～3d，用清水漂洗，捞去秕谷浸泡12～24h，再用强氯精粉末400～500倍液浸12h后捞起洗净后催芽播种。②做好秧田期喷药防病工作，秧田3叶期及移栽前进行喷药预防，做到带药下田（刘振东，2010）。③水稻在移栽前、分蘖期和破口前是防治细菌性条斑病的关键时期。为了有效控制此病害，建议采用以下化学药剂进行喷雾处理：50%的氯溴异氰尿酸（独定安）或四霉素，每亩用量为250～260g；噻菌锌，每亩用量为100～125g。在制备喷雾液时，药剂应兑入30～45kg的水。为提高防治效果，加入调节剂赤·吲乙·芸苔（碧护），每亩2～3g。已经发病的田块，建议每隔3d喷雾1次，总共喷3～5次（朱国芳等，2011）。④在疫情高发区，当秧苗长到3～4片叶子时，可以预防性地喷洒10%的强氯精。此外，春雷霉素、中生菌素、噻唑锌和三氯异氰尿酸等也对水稻细菌性条斑病具有防治作用。为避免病原体产生药物抗性，建议轮换使用不同的药品（陈波，2019）。⑤20%噻唑铜（龙克菌）悬浮剂和50%氯溴异氰尿酸（消菌灵）也是有效的药物。前者每亩用100L，后者每亩用40g。在使用时，这两种药剂都应兑入50kg的水，并均匀喷洒。为了确保防治效果，每隔5～6d喷雾1次，连续喷2～3次（陈观浩等，2008）。

参考文献

陈波，2019. 水稻细菌性条斑病防治技术浅析 [J]. 南方农业，13（30）：32，34.

陈观浩，吴冠清，陈端，等，2008. 化州市水稻细菌性条斑病流行规律及测报防治 [J]. 广东农业科学（11）：67-69.

陈光敏，程蕾，2022. 镇宁县水稻细条病发生规律及防治初探 [J]. 种子科技，40（5）：91-93.
丁林贤，应海然，1992. 东阳市水稻细条病综合治理工作取得可喜成果 [J]. 植物检疫（4）：321.
贺淑岚，1994. 湖南省农科院南繁基地植物检疫考察未发现水稻细条病 [J]. 杂交水稻（6）：45.
解兆海，孙友武，2019. 凤台县水稻细菌性条斑病发生规律及防控措施 [J]. 安徽农学通报，25（1）：71-72.
刘维，刘芳丹，陆展华，等，2022. 水稻细条病的发生发展及抗病基因研究进展 [J]. 农学学报，12（10）：15-20.
刘振东，2010. 水稻细条病的发生流行因素及其综合防治技术 [J]. 福建农业（9）：22-23.
蒙绪儒，方世凯，2000-10-31. 海南水稻细条病发生严重有关育种单位应引起注意 [N]. 农民日报（001）.
肖锋，肖建威，王长方，等，1999. 福建省水稻细条病与白叶枯病综防控病模式的依据和推广 [J]. 福建农业科技（5）：20-21.
徐岚，薛俊，朱国芳，等，2017. 潜江市水稻细菌性条斑病发生规律及防控措施 [J]. 湖北植保（6）：41-42，68.
赵虹，2017. 德昌县水稻细菌性条斑病发生特点及防治技术 [J]. 植物医生，30（3）：58-60.
周国义，龚伟荣，胡学英，等，1998. 江苏省泗阳县水稻细菌性条斑病的防治 [J]. 植物检疫（3）：63.
朱国芳，周华众，匡辉，2011. 水稻细菌性条斑病综合防控技术 [J]. 湖北植保（2）：35-36.

八、水稻根结线虫病

1. 病原

病原为拟禾本科根结线虫（*Meloidogyne graminicola*）、线形动物门垫刃目稻根结线虫（*Meloidogyne oryzae*）。产量损失11%～73%，严重时可达40%～50%，甚至绝收。

拟禾本科根结线虫：会阴花纹呈椭圆形至近圆形，背弓高、近方形，未见侧线，线纹连续、细密、环绕会阴，尾尖明显，尾端及肛门附近有明显纹线，阴门区一般无纹线（彭思源，2021）。

稻根结线虫：卵呈蚕茧状，较透明，外壳强韧，长95～105μm、宽46～50μm。初龄幼虫呈线状，卷曲在卵壳内。2龄侵染幼虫线状，无色透明，初出卵壳时长275～305μm、宽46～50μm；2龄寄生线虫由线状变为豆荚状。3～4龄幼虫呈豆荚状，尾端有尖细的小尾。3龄幼虫时，雌雄开始分化。4龄幼虫时，性别亦可从体型及生殖器官加以区分。雌成虫乳白色，梨形或柠檬形，体长987～1 281μm、宽630～913μm；雄成虫呈线状，色较透明，体长1 995～2 330μm、宽57～64μm，尾短而钝，末端稍圆（安礼，2018）。

2. 分布地区

在南繁区均有分布。

3. 为害症状

水稻根部：根尖初病时扭曲变粗，其后膨大，形成根瘤。根瘤初呈白色，多为卵圆形，坚实，逐渐增大变成长卵圆形，两端稍尖，色淡黄、棕黄、深棕、棕褐以至黑色，并逐渐变软。腐烂时，外皮易破裂。

穗部：抽穗期病株矮小、叶黄、穗期短、穗数少、出穗较困难，常有半包穗或穗节包叶的现象；发病重的不能抽穗。结实期的病株穗短，结实少，谷多，结实率低。

全株：水稻地上部症状近似缺肥症状。幼苗期根瘤数目达到根数的1/3以上时，出现较明显症状。病苗纤弱，叶色变淡；移植后返青缓慢、长势差、发根迟、死苗多。分蘖期根瘤数量骤增，症状显著；病株矮小，根短，叶片均匀发黄，茎秆纤细，分蘖迟缓、分蘖力弱（安礼，2018）。根部因具有大量的根结造成根部严重畸形，根尖膨大呈钩状、棒状。水稻根结线虫病发生在活稻、苗圃、灌溉稻、低洼稻和旱稻中。水稻整个生长期都可被感染（董金凤，2019；欧平武等，2021；Mantelin et al.，2016；Bridge et al，1990）。

4. 发生规律

新根产生较多的时期，侵染较多。除秧苗外，主要的侵染期在分蘖期和幼穗分化期。分蘖期发根多，适宜侵染，受害重。秧苗发根3～4d后，线虫即开始侵入幼根寄生。在春季若秧苗期超过1个半月，夏季超过1个月，线虫即可在根内完成其生活史，随着秧田线虫数量的增多，水稻即发病加重。

5. 防治措施

41.7%氟吡菌酰胺悬浮剂+35%噻虫嗪悬浮剂混合包衣处理防治水稻根结线虫病（欧平武等，2021）。

秧田施用杀线虫药剂，培育无病秧苗。可施用48%氟乐灵乳油3 000mL/hm^2、米乐尔、益舒宝杀等。因为成本较高，大田暂时还不宜提倡使用杀线虫剂（董金凤，2019）。

参考文献

安礼，2018. 水稻根结线虫病的发生及防治 [J]. 农业灾害研究，8（2）：11-12.

董金凤，齐希勇，洪丽芳，2019. 江西省水稻根结线虫病的防治技术 [J]. 农家参谋（12）：83.
彭思源，2021. 不同地区水稻根结线虫病原鉴定及生物学特性比较 [D]. 长沙：湖南农业大学.
唐蓓，王东伟，王剑，等，2021. 不同种植方式对水稻根结线虫病发生危害的影响 [J]. 植物保护，47（1）：188-191，198.
BRIDGE J，LUC M，PLOWRIGHT A，1990. Nematodes of rice [M]. CAB International：69-108.
MANTELIN S，BELLAFIORE S，KYNDT T，2016. Meloidogyne graminicola a major threat to rirce agriculture [J]. Molecular Plant Pathology，18（1）：3-15.

第二节　水稻虫害

一、褐飞虱

1. 分类地位

褐飞虱（*Nilaparvata lugens*）属半翅目（Hemiptera）飞虱科（Delphacidae），别名褐稻虱，是稻飞虱的一种，是为害水稻最严重的害虫之一（Win et al.，2011）。

2. 形态特征

卵：产在叶鞘和叶片组织内，排成一条，称为“卵条”。卵粒香蕉形，长约1mm、宽0.22mm。卵帽高大于宽底，顶端圆弧，稍露出产卵痕，露出部分近短椭圆形，清晰可数。初产时乳白色，渐变淡黄色至锈褐色，并出现红色眼点。

若虫：分5龄，各龄特征如下（图1-12）。

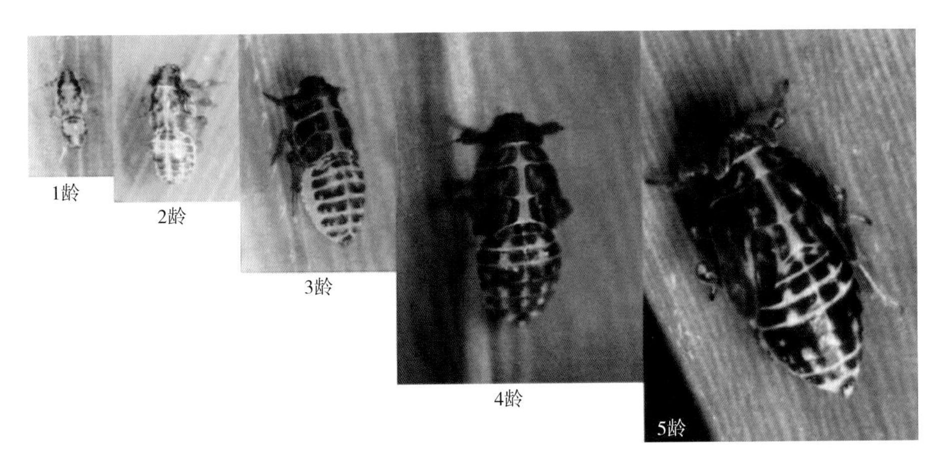

图1-12　褐飞虱1～5龄若虫形态特征

1龄：体长1.1mm。体黄白色，腹部背面有一倒凸形浅色斑纹，后胸显著较前、中胸长，中、后胸后缘平直，无翅芽。

2龄：体长1.5mm。初期体色同1龄，倒凸形斑内渐现褐色；后期体黄褐色至暗褐色，倒凸形斑渐模糊。翅芽不明显。后胸稍长，中胸后缘略向前凹。

3龄：体长2.0mm。黄褐色至暗褐色，腹部第3～4节有一对较大的浅色斑纹，第7～9节的浅色斑呈“山”字形。翅芽已明显，中、后胸后缘向前凹成角状，前翅芽尖端不到后胸后缘。

4龄：体长2.4mm。体色斑纹同3龄。斑纹清晰，前翅芽尖端伸达后胸后缘。

5龄：体长3.2mm。体色斑纹同3龄、4龄。前翅芽尖端伸达腹部第3～4节，前、后翅芽尖端相接近，或前翅芽稍超过后翅芽。

成虫：有长翅型和短翅型两种（图1-13）。

长翅型体长3.6～4.8mm，短翅型体长2.5～4.0mm。黄褐色、黑褐色，有油状光泽。头顶近方形，额近长方形，中部略宽，触角稍伸出额唇基缝，后足基跗节外侧具2～4根小刺。前翅黄褐色，透明，翅斑黑褐色。短翅型前翅伸达腹部第5～6节，后翅均退化。雄虫阳基侧突似蟹钳状，顶部呈尖角状向内前方突出；雌虫产卵器基部两侧，第1载瓣片的内缘基部突起呈半圆形。

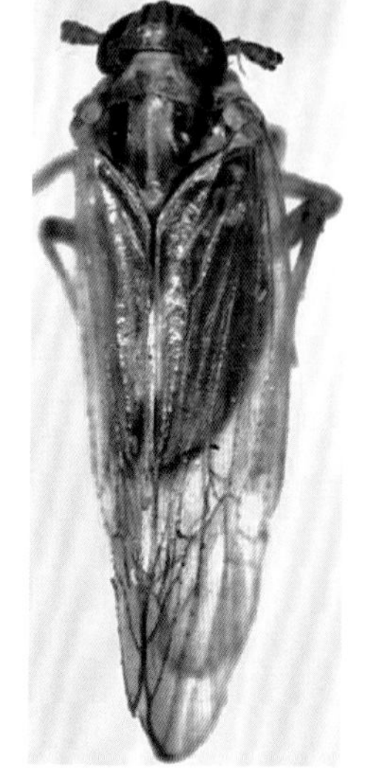

图1-13　褐飞虱成虫

3. 分布地区

在南繁区均有分布。

4. 为害症状

褐飞虱为单食性害虫，是为害水稻最严重的害虫之一，在水稻和普通野生稻上取食和繁殖后代，以成虫和若虫群集在稻株下部取食为害。用刺吸式口器吸食水稻韧皮部汁液，消耗稻株营养和水分，并在稻株上留下褐色伤痕、斑点；严重时可引起稻株枯死倒伏，俗称“冒顶”“穿顶”“虱烧”，导致严重减产，甚至失收。雌虫产卵时用产卵器刺破茎秆组织，造成大量伤口，促使水分散失；同时为病菌侵入创造了有利条件，加重纹枯病等的为害。吸食过程中还排泄蜜露污染稻株，滋生烟霉，严重时稻丛1/3以下部位变黑成“黑秆”，基部附近土壤常变黑，是褐飞虱严重为害的一个重要标志。除此之外，褐飞虱也能传播水稻齿叶矮缩病毒和水稻草矮病毒等（Cheng，2015）。雌虫产卵时，用锋利的产卵管穿透叶鞘和茎组织，在叶鞘和茎组织中产卵，使水稻植株变黄或倒伏，水稻的基部变黑发臭，常致茎秆脱落，刺伤茎叶组织、传播和诱发水稻病害，大规模暴发将导致水稻产量大幅度下降，当损害严重时，整个田里的叶子可在短时间内变得矮缩枯死（李春凤等，2019）（图1-14）。

图1–14　褐飞虱为害症状

5. 生物学特性

褐飞虱生育的最适温度是22～28℃，相对湿度80%以上。夏季日最高温度≥33.5℃或日平均温度>30℃对褐飞虱生长繁殖有抑制作用，高温持续时间越长抑制作用越强，秋季日平均温度低于17.5℃，则严重影响褐飞虱生存繁衍。故盛夏温和，凉夏暖秋、夏秋多雨湿润是褐飞虱种群增殖和为害的有利条件。一般在7月中下旬以后褐飞虱迁入，通常在台风等由南向北的气流过境时形成迁入峰，每次迁入的成虫数量较少，不足以立即对田间水稻造成大的为害，通常在田间繁殖一两代，虫量才会增加到足以对水稻造成为害的程度（张仁，2012；王召等，2014）。褐飞虱雌成虫寿命为15～25d，繁殖力强，每头产卵150～500粒，多的（特别是短翅型成虫）可达700～1 000粒，产卵盛期历时10～15d，产卵高峰期通常持续6～10d。

6. 防治措施

（1）农业防治。选用抗虫水稻品种，进行科学肥水管理，适时烤田，避免偏施氮肥，防止水稻后期贪青徒长，创造不利于褐飞虱滋生繁殖的生态条件。

（2）生物防治。褐飞虱各虫期寄生性和捕食性天敌种类较多，除寄生蜂、黑肩绿盲蝽、瓢虫等外，还有蜘蛛、线虫、菌类对褐飞虱的发生有很大的抑制作用，应保护利用，提高自然控制能力。

（3）化学防治。根据水稻品种类型和褐飞虱发生情况，采用压前控后或狠治主害代的策略，选用高效、低毒、残效期长的农药，尽量考虑对天敌的保护，在若虫2～3龄盛期施药。

参考文献

李春凤，龚德平，蔡美仲，等. 2019. 水稻褐飞虱的危害与综合防治 [J]. 现代农业研究，19（9）：77-78，8.

王召，杨洪，金道超，等. 2014. 贵州道真县褐飞虱发生规律 [J]. 植物保护，40（4）：135-139, 152.

张仁，2012. 水稻褐飞虱发生规律与防控策略 [J]. 农业科技通讯（9）：130-132.

CHENG J A. 2015. Rice planthoppers in the past half century in China [M] //Rice Planthoppers [M]. Berlin：Springer Netherlands：1-32.

WIN S S，MUHAMAD R，AHMAD Z A，et al. 2011. Life table and population parameters of *Nilaparvata lugens* Stal.（Homoptera：Delphacidae）[J]. Tropical Life Sciences Research，22（1）：25-35.

二、白背飞虱

1. 分类地位

白背飞虱（*Sogatella furcifera*）属半翅目（Hemiptera）飞虱科（Delphacidae），几乎遍及我国所有稻区，是亚洲地区水稻上的一种远距离迁飞性害虫。

2. 形态特征

为不完全变态昆虫，长翅型有较强的趋光习性；卵产在叶鞘和叶片组织内，排列成一条。

卵：长0.8mm、宽0.2mm，称为“卵条”，卵粒香蕉形。初产时乳白色，后变黄色，并出现红色眼点，将孵化时眼点变为红褐色。

若虫：若虫有5龄，体形近橄榄。体色有深、浅两种类型（图1-15）。

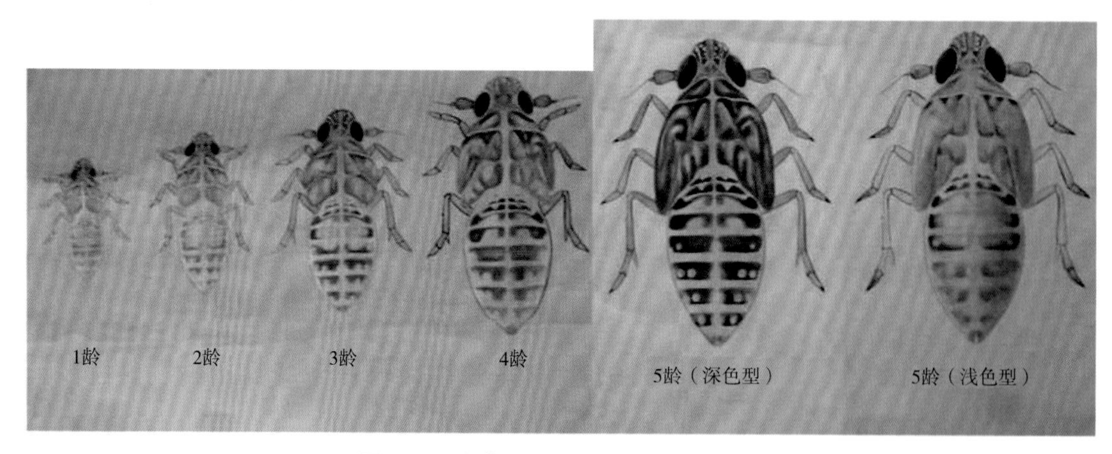

图1-15　白背飞虱1～5龄若虫形态特征

1龄：体长1.1mm，灰褐色或淡灰色，无翅芽，腹部背面中央也有一灰色“丰”字形斑纹。

2龄：体长1.3mm，灰褐色或淡灰色，无翅芽，前、后翅芽长度近相等，斑纹清晰。

3龄：体长1.7mm，灰黑色与乳白色相嵌，胸部背面有灰黑色不规则斑纹，边缘清晰，翅芽明显出现。

4龄：体长2.2mm，前、后翅芽近相等，斑纹清晰。

5龄：体长2.9mm，灰黑色与乳白色镶嵌，前胸背板具不规则的暗褐色斑纹，边缘界线清晰，腹部背面第3～4节各具1对乳白色“△”形大斑。

成虫：有长翅和短翅两种翅型。长翅型体长4～5mm，呈灰黄色，头顶略狭窄，突出在复眼前方，颜面部有3条凸起纵脊，脊部色浅，沟色深，黑白分明，胸背小盾板中央长有一五角形的白色或蓝白色斑，雌虫的两侧暗褐色或灰褐色，而雄虫则为黑色，并在前端相连，翅半透明，两翅会合线中央有一黑斑；短翅型雌虫体长约为4mm，呈灰黄色至淡黄色，仅及腹部的一半（潘成旺，2013）（图1-16）。

图1-16　白背飞虱成虫

3. 分布地区

在南繁区均有分布。

4. 为害症状

白背飞虱成、若虫群集于稻丛下部，通过口针刺吸稻株韧皮部汁液为害水稻，高龄若虫和成虫的取食量较大（黄次伟等，1993）。雌虫产卵时，用产卵器刺破叶鞘和叶片，易使稻株失水或感染菌核病。排泄物常遭致霉菌滋生，影响水稻光合作用和呼吸作用，严重的造成稻株干枯，俗称“冒穿”“透顶”或“塌圈”，严重时颗粒无收。在白背飞虱的取食过程中，有可能传播其他病害和病毒，如成、若虫还可传播水稻齿矮病等。一般初夏多雨、盛夏干旱的年份，易导致大发生。在水稻各个生育期，成、若虫均能取食，但分蘖盛期、孕穗期、抽穗期增殖快、受害重（刘杰，2013）。成虫产卵在叶鞘中脉两侧及叶片中脉组织内，每卵条粒数2～31粒，平均7.3粒。若虫群栖于基部叶鞘上为害，受害部先出现黄白斑，后变黑褐色，叶片由黄色变棕红色，重者枯死，田中出现黄塘（图1-17）。

图1-17　白背飞虱为害症状

5. 生物学特性

成虫有趋光性、趋绿性和迁飞特性。凡生长茂密、叶色浓绿、较阴湿的稻田虫量多。成虫多生活在稻丛基部叶鞘上，栖息部位比褐飞虱高。卵多产于叶鞘肥厚部分组织中，尤以下部第2叶鞘内较多。具有随风力、长距离传播的迁飞特性，成虫可以趴伏在叶片上，当叶片随着风力飘动时，白背飞虱也随着一起迁飞，达到一个地方，开始繁殖为害，然后继续随风迁飞，常见的北方的白背飞虱能到南方为害，一般都是成群为害，不是单个进行为害，如果田间发现了白背飞虱，一棵稻株上能有几十上百个，甚至更多。水稻是主要寄主，其他寄主只能勉强完成一个世代（王毅，2007）。

6. 防治措施

（1）农业防治。主要包括水肥管理、合理种植等农业措施，如烤田（张兆清，1991）。可通过创造有利于水稻天敌种群稳定发展，而不利于白背飞虱生存的农田生态环境，来减轻白背飞虱的发生为害。或者实施连片种植，合理布局，防止白背飞虱迂回转移、辗转为害；健身栽培，科学管理肥水，做到排灌自如，合理用肥。

（2）生物防治。使用捕食性天敌包括蜘蛛、寄生蜂、黑肩绿盲蝽等（罗跃进等，1998），另外，还可采取稻田养蟹的方法来控制白背飞虱（薛智华等，2001）。

（3）化学防治。使用主要化学药剂种类有呋喃丹、扑虱灵、吡虫啉、稻麦灵、阿克泰、苦参碱等（沈君辉等，2003），杀虫剂在杀死害虫的同时，也杀灭了害虫的天敌，应当合理科学使用。

参考文献

黄次伟，冯炳灿，1993. 水稻白背飞虱、褐飞虱取食动态研究 [J]. 昆虫学报（2）：251-255.

刘杰，2013. 白背飞虱与褐飞虱的几点对比 [J]. 湖南农业，430（10）：26.
罗跃进，田学志，汪丽，等，1998. 双季早稻田主要捕食性天敌及稻飞虱的生态位的研究 [J]. 安徽农业科学（3）：57-59.
潘成旺，2013. 水稻主要病虫害介绍稻飞虱 [J]. 湖南农业，422（2）：20-21.
沈君辉，尚金梅，刘光杰，2003. 中国的白背飞虱研究概况 [J]. 中国水稻科学（S1）：12-27.
王毅，2007. 白背飞虱的生物学特性 [J]. 农技服务，220（1）：45-46.
薛智华，杨慕林，任巧云，等，2001. 养蟹稻田稻飞虱发生规律研究 [J]. 植保技术与推广（1）：3-5.
张兆清，1991. 烤田对白背飞虱的控制作用 [J]. 昆虫知识（6）：321-325.

三、稻纵卷叶螟

1. 分类地位

稻纵卷叶螟（*Cnaphalocrocis medinalis*）属鳞翅目（Lepidoptera）螟蛾科（Pyralidae），俗称卷叶虫、百叶虫、刮叶虫、苞叶虫等，是一种迁飞性害虫，是水稻主要害虫之一。

2. 形态特征

卵：长约1mm，椭圆形，扁平而中部稍隆起，初产白色透明，近孵化时淡黄色，寄生卵为黑色。

幼虫：老熟时长14～19mm，低龄幼虫绿色，后转黄绿色，成熟幼虫橘红色（图1-18）。

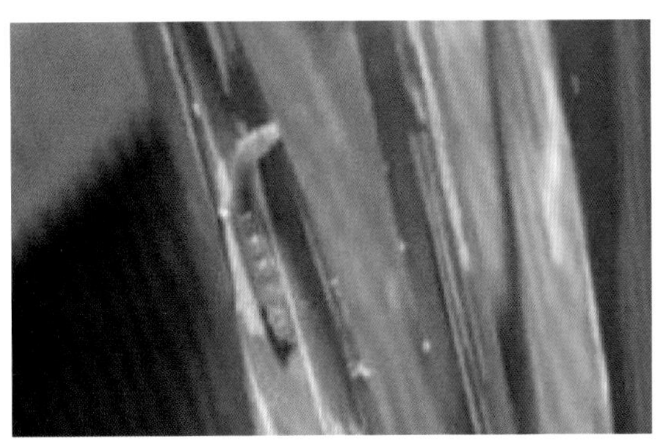

图1-18 稻纵卷叶螟幼虫

蛹：长7～10mm，初黄色，后转褐色，长圆筒形。

成虫：长7～9mm，淡黄褐色，前翅有两条褐色横线，两线间有1条短线，外缘有暗褐色宽带；后翅有两条横线，外缘亦有宽带；雄蛾前翅前缘中部有闪光而凹陷的“眼点”，雌蛾前翅则无“眼点”（图1-19）。

图1–19　稻纵卷叶螟成虫

3. 分布地区

在南繁区均有分布。

4. 为害症状

以幼虫为害水稻，缀叶成纵苞，躲藏其中取食上表皮及叶肉，仅留白色下表皮。苗期受害影响水稻正常生长，甚至枯死；分蘖期至拔节期受害，分蘖减少，植株缩短，生育期推迟；孕穗后特别是抽穗到齐穗期剑叶被害，影响开花结实，空壳率提高，千粒重下降（Shi et al.，2019）。

幼虫期15～26d，共5龄：1龄为“白点期”；2龄称“束尖期”；3龄叫“纵卷期”；4龄是“转苞期”；5龄即“暴食期”。

1龄：在水稻的心叶或幼嫩组织上，能看到有针尖大小、半透明的小白点，这是1龄幼虫为害的症状，在这附近仔细看，就能找到幼虫。

2龄：开始形成2～4cm的小虫苞，外观表现为卷叶，叶片上有长短不一的白斑，还会有湿润的虫粪。

3龄：为害形成的虫苞较长，为13～16cm，虫苞两端开口，虫苞部位的叶片也有被啃食的白条斑，湿润的粪便较多。

4龄、5龄：为害的虫苞比3龄略长，苞内大部分被吃掉，被吃掉的部分发白，发白部位以上叶片失水干枯，虫粪干缩或呈粉状。虫苞内找不到害虫，这时的害虫多数已经转换阵地了。

5. 生物学特性

稻纵卷叶螟抗寒能力弱，每年5—7月成虫大量迁入，随着气流迁移成为初始的侵染虫源，一般在水稻上发生4～5代。成虫的趋绿性较强，喜群集在长势茂盛、隐蔽的叶片上，繁殖能力强。不同生育时期发生对水稻产生为害的程度有所不同，在分蘖期发生对产量的影响相对较小，孕穗期发生则会大幅降低产量，乳熟至蜡熟期为害产生的损失较小。第一，稻纵卷叶螟具有迁飞习性，其发生取决于东亚季风，蛾群由南往北逐代北迁，全年约发生5次，发生期由南至北依次推迟。稻纵卷叶螟的生长发育喜高温高湿，适宜温度22～28℃，相对湿度>80%。第二，具有暴发性，稻纵卷叶螟暴发性强，一夜之间，卷白无数，严重影响产量。第三，世代重叠，虫卵同发。各地主害代世代历期29～38d，其中幼虫为害期15～22d；成虫喜在嫩绿繁茂的稻田产卵，产卵期3～6d，产卵多在夜晚。幼虫一般躲在苞内取食上表皮叶肉，1头幼虫一生可为害稻叶5～7片，多者达9～12片，5龄后食量最大，占整个幼虫期食量的50%以上（姚张良，2021）。

6. 防治措施

（1）农业防治。选择抗虫品种，适当推迟播栽期，使水稻易感虫期避开稻纵卷叶螟高发期及迁入高峰期。另外，可种植绿肥等生境调节措施，提高稻田生态系统的生物多样性，保护天敌。

（2）生物防治。安装频振式杀虫灯诱杀成虫，可有效减少下代虫源。使用性诱剂诱捕成虫防治稻纵卷叶螟，安全、绿色、环保。提倡稻田养鸭、养鱼等生态调控技术。

（3）化学防治。最新研究结果表明，在处理水稻田中的稻纵卷叶螟卵孵盛期时，可以考虑以下两种杀虫剂组合：首选，使用6%甲氧·茚虫威悬浮剂（20mL/亩）和5%阿维菌素乳油（15mL/亩），这种组合对水稻的安全性和杀虫效果都得到了充分验证（宋小艳等，2023；马丽云等，2023）。其次，可以考虑使用40%氰氟虫腙·甲氧虫酰肼（40mL/亩）（刘兆鸿等，2023）。此外，还可以考虑使用26%甲氧·茚虫威，剂量为20g/亩，尤其适用于稻纵卷叶螟卵孵盛期的防治。也有指出12%甲维·虫螨腈悬浮剂和5%甲氨基阿维菌素苯甲酸盐微乳剂也具有出色的防治效果（刘兆鸿等，2023）。最后，如果需要其他选择，10%四氯虫酰胺悬浮剂（9080）也是有效的选项，对稻纵卷叶螟具有良好的防效（陈凤等，2022）。这些多样化的杀虫剂选择为水稻田中的稻纵卷叶螟控制提供了可行的策略，同时兼顾了安全性和防治效果。

（4）预测预报。通过建立性诱监测点，强化田间赶蛾，加强幼虫和卵密度田间调查等，收集相关数据进行整理、分析，准确掌握稻纵卷叶螟发生高峰期，提前预防（许卿等，2021）。

参考文献

陈凤，董红刚，耿跃，等，2022. 3种不同药剂防治稻纵卷叶螟的田间药效比较试验 [J]. 农业工程技术，42（32）：32-33.

刘欢，2019. 稻纵卷叶螟对不同生育期水稻和寄主植物的选择性 [D]. 北京：中国农业科学院.

刘兆鸿，刘红霞，刘有彬，等，2023. 5种农药防治稻纵卷叶螟田间药效试验 [J]. 湖北植保（1）：19-21，29.

马丽云，杜晓君，谢志娟，等，2023. 不同杀虫剂对水稻稻纵卷叶螟的防效试验 [J]. 湖北植保（2）：45-46.

宋小艳，谢志娟，马丽云，等，2023. 不同药剂对六（4）代稻纵卷叶螟的防效试验 [J]. 湖北植保（1）：48-49.

许卿，邓云，苏妍，等，2021. 南平市稻纵卷叶螟的发生特点及绿色防控措施 [J]. 现代农业科技（21）：114-115，120.

姚张良，张倩倩，沈玉元，等，2021. 2020年桐乡市水稻“两迁”害虫发生特点与分析 [J]. 中国植保导刊，41（5）：102-104，86.

SHI J H，SUN Z，HU X J，et al.，2019. Rice defense responses are induced upon leaf rolling by an insect herbivore [J]. BMC Plant Biology，19（1）：514.

四、二化螟

1. 分类地位

二化螟（*Chilo suppressalis*）属鳞翅目（Lepidoptera）螟蛾科（Pyralidae），俗名钻心虫、蛀心虫，以幼虫钻蛀为害，是我国水稻上为害最为严重的常发性害虫之一（Jiang et al.，2021）。

图1-20　二化螟幼虫

2. 形态特征

卵：扁椭圆形，有10余粒至百余粒组成卵块，排列成鱼鳞状，初产时乳白色，将孵化时灰黑色。

幼虫：长20～30mm，体背有5条褐色纵线，腹面灰白色（图1-20）。

蛹：长10～13mm，淡棕色，前期背面尚可见5条褐色纵线，中间3条较明显，后期逐渐模糊，足伸至翅芽末端。

成虫：成虫翅展雄约20mm，雌25～28mm。头部淡灰褐色，额白色至烟色，圆形，顶端尖。胸部和翅基片白色至灰白色，并带褐色。前翅黄褐色至暗褐色，中室先端有紫黑色斑点，中室下方有3个斑排成斜线。前翅外缘有7个黑点。后翅白色，靠近翅外缘稍带褐色。雌虫体色比雄虫稍淡，前翅黄褐色，后翅白色（图1-21）。

图1-21　二化螟成虫

3. 分布地区

在南繁区均有分布。

4. 为害症状

二代螟以幼虫为害水稻，水稻自幼苗期和成株期均可遭受其为害，为害症状因水稻不同生育期而异。分蘖期初龄幼虫先是群集为害叶鞘，造成枯鞘；2龄末期以后逐渐分散蛀食心叶，造成“枯心”苗；孕穗期幼虫蛀食稻茎，造成枯孕穗；抽穗到扬花期咬断穗颈，造成白穗；灌浆、乳熟期为3龄以上幼虫转株为害，造成虫伤株，虫伤株外表与健株差别不大，但谷粒轻、米质差；灌浆到乳熟期幼虫转株蛀入稻茎，茎内组织全部被蛀空，仅剩下一层表皮，遇风吹折，易造成倒伏，这种被害株颜色灰枯，秕谷多，形成半枯穗，又称“老来死”（吕锐玲等，2011）。

5. 生物学特性

在国内一年发生1～5代。东北中部和内蒙古中南部一年发生1～2代；黄淮流域2代；长江流域（江苏、安徽、湖北2～3代，浙江、江西、湖南等地3～4代）；广东、广西中南、福建南部4代；海南5代。多数4～6龄幼虫在稻草茎秆内越冬，少数幼虫在田间稻茬及其他杂草上越冬，第二年6月中下旬开始复苏活动。二化螟的卵多在上午孵化，孵化后幼虫即沿水稻叶鞘向下爬行，群集在叶鞘内取食内壁组织。受害的叶鞘2～3d变色，7～10d枯黄，此时称为水稻枯鞘期（这个时期幼虫尚未蛀入茎秆，抗药性比较差，是打药防治的有利时机）。幼虫发育至2龄后，具有较强的蛀茎能力，开始蛀入水稻茎秆，这个阶段就会形成水稻枯心、枯孕穗、白穗以及虫伤株。田间观察时，剥开受害植株的茎秆，往往可以发现一株内有几头甚至十几头成长的幼虫。当食料不足时，幼虫则会分散转株为害。当天气干燥缺水，稻株生长受阻时，幼虫则转株频繁，为害会更加严重（王志友等，2008）。

6. 防治措施

（1）农业防治。主要采取消灭越冬虫源、灌水灭虫、避害等措施。①冬闲田在冬季或第二年早春3月底以前翻耕灌水。②化蛹高峰至蛾始盛期灌水淹没稻桩3～5d，能淹死大部分老熟幼虫和蛹，减少发生基数。③尽量避免单、双季稻混栽，可以有效切断虫源田和桥梁田之间的联系，降低虫口数量（任国宁等，2011）。

（2）生物防治。6月初开始田间设置二化螟性诱剂，根据性诱剂监测结果，在二化螟发蛾高峰初期，田间抛投含有即将羽化赤眼蜂的放蜂器，每亩平均3个放蜂器，每隔5d放蜂1次，共放蜂3次。

（3）化学防治。根据不同的水稻生育期按防治指标适时用药，例如分蘖期，枯鞘株率达3%或枯鞘丛率5%时用药；穗期重点防治上代残虫量大、当代卵孵盛期与水稻破口抽穗期相吻合的稻田。

参考文献

吕锐玲，周强，涂军明，等，2011. 水稻二化螟的发生与防治 [J]. 现代农业科技（14）：188，192.

任国宁，张丽英，2011. 水稻二化螟的防治技术 [J]. 农村实用科技信息，201（9）：31.

王志友，郭永财，洪妍，等，2008. 水稻二化螟的发生规律及防治策略 [J]. 北方水稻，38（3）：120-121.

JIANG F，CHANG G，LI Z，et al.，2021. The HSP/co-chaperone network in environmental cold adaptation of *Chilo suppressalis* [J]. International Journal of Biological Macromolecules，187：780-788.

五、三化螟

1. 分类地位

三化螟（*Tryporyza incertulas*）属鳞翅目（Lepidoptera）螟蛾科（Pyralidae），又名蛀心虫、钻心虫、蛀秆虫、白漂虫等。三化螟为偏南方性害虫。国内发生于长江以南大部分稻区，为害严重。

2. 形态特征

卵：长椭圆形，卵集中产，密集成块，卵块椭圆形，由数十粒至百余粒相叠而成，表面有黄褐色绒毛覆盖，像半粒发霉的大豆。

幼虫：4～5龄。初孵幼虫体灰黑色，后变灰黄色或暗黄色。老熟幼虫体长12mm左右，淡黄色或淡黄绿色，背中央有1条透明纵线（图1-22）。

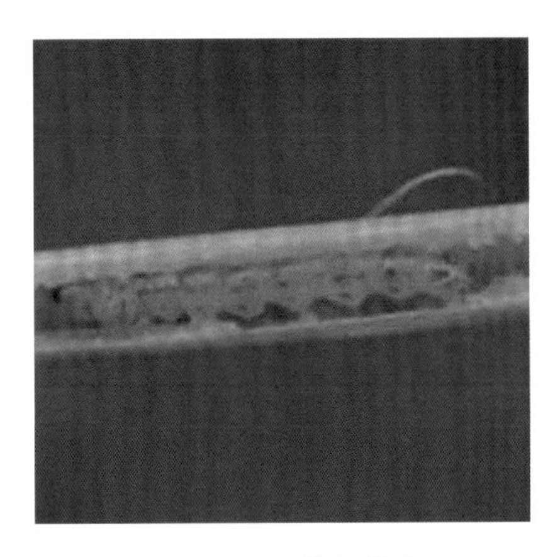

图1-22　三化螟幼虫

蛹：黄绿色，羽化前金黄色（雌）或银灰色（雄），雄蛹后足伸达第7腹节或稍超过，雌蛹后足伸达第6腹节。

成虫：体长9～13mm，翅展23～28mm。雌蛾前翅为近三角形，淡黄白色，翅中央有一明显黑点，腹部末端有一丛黄褐色绒毛；雄蛾前翅淡灰褐色，翅中央有一较小的黑点，由翅顶角斜向中央有一条暗褐色斜纹（黄成根，2011）（图1-23）。

图1-23　三化螟成虫

3. 分布地区

在南繁区均有分布。

4. 为害症状

幼虫喜单头为害，蛀入后适当部位“环状切割”，取食花粉和柱头，不取食含叶绿素部分。三化螟为害症状与二化螟相当，常以幼虫蛀食水稻为主，三化螟幼虫为害整个水稻的生育期，在苗期至分蘖期容易造成枯心病；在孕穗期容易形成死孕穗；在抽穗期可以形成白穗（赵忠武，2016；黄怡兵等，2012）。虫孔大、虫粪多，粪便一般排在水稻叶鞘与茎秆之间。被害水稻茎、叶鞘、叶片均变黄色。其为害以稻田边为重，田中间较轻（景安成，2020）。

5. 生物学特性

夜晚活动，趋光性强，特别在闷热无月光的黑夜会大量扑灯，产卵具有趋嫩绿习性，水稻处于分蘖期或孕穗期，或施氮肥多，长相嫩绿的稻田，卵块密度高。刚孵出的幼虫称蚁螟，从孵化到钻入稻茎内需30～50min。蚁螟蛀入稻茎的难易及存活率与水稻生育期有密切的关系：水稻分蘖期，稻株柔嫩，蚁螟很容易从近水面的茎基部蛀入；孕穗末期，当剑叶叶鞘裂开，露出稻穗时，蚁螟极易侵入，其他生育期蚁螟蛀入率很低。因此，分蘖期和孕穗至破口露穗期这两个生育期，是水稻受螟害的“危险生育期”。

6. 防治措施

（1）农业防治。加强田间管理，减少虫源基数，采用低茬收割，清除稻草，在越冬代螟虫化蛹高峰期实施翻耕灌水或直接灌水，淹没稻桩，或早春气温回升蛹羽化时灌水杀蛹，可减少越冬虫源或一代虫源基数。

（2）物理防治。利用三化螟成虫的趋光性，设置频振式杀虫灯进行诱杀，从而有效降低成虫种群密度及后代数量。安装时要求棋盘状布局，单灯有效控制半径为100m左右，杀虫灯接虫口离地1.5m左右。

（3）生物防治。保护和利用田间青蛙、蜘蛛和寄生蜂等天敌，尽量减少化学农药对天敌的杀伤作用，充分发挥天敌的自然控制作用。有条件的地区可人工培养和释放卵寄生蜂控制三化螟的发生。

（4）化学防治。选准药剂，保证防效。药剂防治要根据不同地区、不同代次因地制宜选择药剂，尽量减少用药次数和用量，做到轮换用药，减缓抗药性，选择低毒和生物农药。

参考文献

黄成根，2011. 三化螟的识别与防治技术 [J]. 农技服务，28（7）：994-995.

黄怡兵，胡三英，吴英，2012. 咸宁市三化螟轻发生原因浅析 [J]. 湖北植保，131（3）：47-48.

景安成，2020. 水稻螟虫发生危害规律及应用 [J]. 中国农业文摘：农业工程，32（4）：69-70.

赵忠武，2016. 会东县水稻螟虫的危害症状及防治技术 [J]. 现代农业科技，681（19）：132，137.

六、中华稻蝗

1. 分类地位

中华稻蝗（*Oxya chinensis*）属直翅目（Orthoptera）斑腿蝗科（Catantopidae）。国

内各稻区几乎均有分布，以长江流域和黄淮稻区发生较重（Zhang et al.，2019）。

2. 形态特征

卵：卵粒长3.5mm、宽1mm，长圆筒形，中间略弯，深黄色。卵囊为茄形，宽约8mm，深褐色。卵囊表面为膜质，顶部有卵囊盖。囊内有上、下两层排列不规则的卵粒，卵粒间填以泡沫状胶质物。

若虫：若虫一般为6龄，少数5龄或7龄。6龄若虫体长23.5～30mm，触角24～27节，翅芽向背面翻折，伸达腹部第1～2节；老龄蝗蝻体呈绿色，体长约32mm，触角26～29节，前胸背板后伸，较头部为长，两翅芽已伸达腹部第3节中间，后足胫有刺10对，末端具有2对叶状粗刺，产卵管背腹瓣明显。

成虫：雌虫体长36～44mm，雄虫体长30～33mm；全身绿色或黄绿色，左右各侧有暗褐色纵纹，从复眼向后，直到前胸背板的后缘。体分头、胸、腹三体部。前翅前缘绿色，余淡褐色，头宽大，卵圆形，头顶向前伸，颜面隆起宽，两侧缘近平行，具纵沟。复眼卵圆形，触角丝状，前胸背板后横沟位于中部之后，前胸腹板突圆锥形，略向后倾斜，翅长超过后足腿节末端。雄虫尾端近圆锥形，肛上板短三角形，平滑无侧沟，顶端呈锐角。雌虫腹部第2～3节背板侧面的后下角呈刺状，有的第3节不明显。产卵瓣长，上下瓣大，外缘具细齿（图1-24）。

图1-24　中华稻蝗成虫

3. 分布地区

在南繁区均有分布。

4. 为害症状

成虫、若虫取食水稻叶片，轻者吃成缺刻，咬断茎秆和幼芽，重者全叶吃光。也能咬坏穗颈和乳熟的谷粒，为害穗颈和谷粒，形成白穗和秕谷、缺粒。中华稻蝗主要为害寄主的叶片，但也在嫩茎、穗轴、籽粒等部位取食。对水稻有两个为害高峰期，即苗期将幼苗吃光，无法生长；后期咬食灌浆时的籽粒及穗轴，使水稻颗粒无收。中华稻蝗食性杂，主要在禾本植物上取食，也为害双子叶植物。主要寄主有水稻、玉米、高粱、谷子、马铃薯、大豆等栽培植物；还有芦苇、茅草、蒲草、野大豆等杂草。主要为害水稻、玉米、高粱、麦类、甘蔗和豆类等多种农作物（冯祥和等，1989）。

5. 生物学特性

成虫多在早晨羽化，在性成熟前活动频繁，飞翔力强，以8—10时和16—19时活动最盛。对白光和紫光有明显趋性。刚羽化的成虫须经10多天后才达到卵巢完全发育的性成熟期，并进行交尾，交尾时间可持续3～12h，交尾时多在晴天，以午后最盛。交尾时雌虫仍可活动和取食。成虫交尾后经20～30d产卵，产卵环境以湿度适中、土质松软的田埂两侧最为适宜。每头雌成虫平均产卵4.9块，每卵囊平均有33粒。成虫嗜食禾本科和莎草科植物。低龄若虫在孵化后有群集生活习性，就近取食田埂、沟渠、田间道边的禾本科杂草，3龄以后开始分散，迁入田边稻苗，4龄、5龄若虫可扩散到全田为害。

6. 防治措施

（1）农业防治。秋季和春季，结合整修条田坝埂，铲除田埂3cm深草皮，晒干或沤肥，以杀死蝗卵；结合春耕整平地，打捞稻田浮渣，深埋或烧掉，以销毁卵块（李书琴等，2013）。

（2）生物防治。保护稻蝗的天敌如青蛙等，另外可通过稻田放鸭捕食稻蝗。

（3）药剂防治。据中华稻蝗的发生规律，5月下旬至6月上旬，以田埂、沟旁、渠坡等为主要防区，6月中下旬则以田埂、沟旁、渠坡向稻田内延伸5m为重点防区，组织联防，统一施药。稻蝗发育不整齐，卵孵化期持续较长，需分两次施药防治。第一次防治在稻蝗卵孵化达70%时，第二次在卵孵化末期，沿田坝用喷雾器专喷靠近坝埂的3垄水稻（纪沫和马晓慧，2015）。

参考文献

冯祥和，张爱萍，1989. 中华稻蝗的危害与防治 [J]. 农业科技通讯（12）：26.

纪沫，马晓慧，2015. 盘锦地区中华稻蝗发生情况及防治措施 [J]. 北方水稻，45（1）：42，44.

李书琴，赵书文，王晋瑜，2013. 中华稻蝗的发生与防治 [J]. 植物医生，26（5）：4-5.

ZHANG X M，ZHANG K S，2019. Cellular response to bacterial infection in the grasshopper *Oxya chinensis* [J]. Biology Open，8（10）：045864

七、稻蓟马

1. 分类地位

稻蓟马（*Stenchaetothrips biformis*）属缨翅目（Thysanoptera）蓟马科（Thripidae），别名稻直鬃蓟马，国内分布于长江流域及华南诸省，南方稻区普通发生（Hu et al.，2023）。

2. 形态特征

卵：肾形，长约0.2mm、宽约0.1mm，初产白色透明，后变淡黄色，半透明，孵化前可透见红色眼点。

若虫：分为4龄（图1-25）。

1龄：体长0.3～0.5mm，白色透明。触角直伸头前方，触角念珠状，第4节特别膨大。复眼红色，无单眼及翅芽。

2龄：体长约1mm，黄色，复眼红，触角7节。

3龄：前蛹，体长0.8～1.2mm，淡黄色，触角分向两边，单眼模糊，翅芽始现，腹部显著膨大。

4龄：称蛹，体长0.8～1.3mm，淡褐色，触角向后翻，在头部与前胸背面可见单眼3个，翅芽伸长达腹部5～7节。

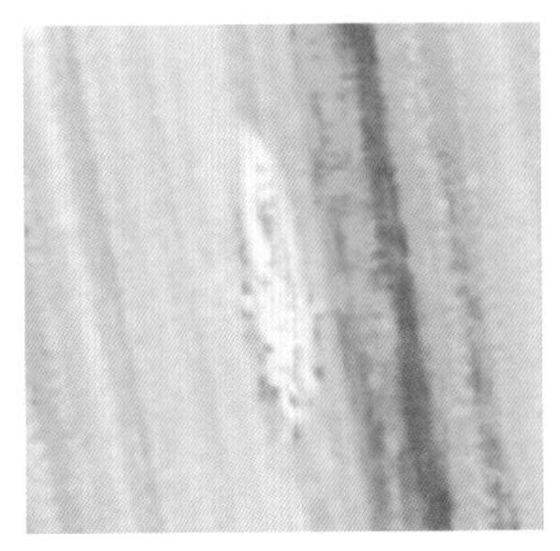

图1-25　稻蓟马若虫

成虫：体长1.0～1.3mm，头近正方形，触角鞭状7节，第6～7节与体同色，其余各节均为黄褐色。第3节长为宽的2.5倍，并在前半部有一横脊；头短于前胸，后部背面皱纹粗，颊两侧收缩明显（图1-26）。

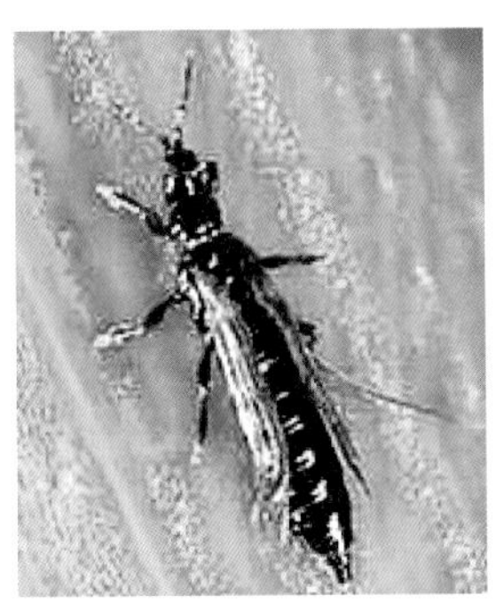

图1-26　稻蓟马成虫

3. 分布地区

在南繁区均有分布。

4. 为害症状

受害早的稻田，植株生长受阻，有的植株节间明显变短。在水稻抽穗扬花期明显表现为株高不整齐，部分植株低于正常株，有些植株枯心、不能正常抽穗，或者从叶鞘侧边长出，扭曲呈畸形。大部分受害株表现为稻穗部分谷粒颖壳变褐色（蔡军等，2017）。成、若虫以口器锉破叶面，成微细黄白色斑，叶尖两边向内卷折，渐及全叶卷缩枯黄。分蘖初期受害重的稻田，苗不长、根不发、分蘖少或无，甚至成团枯死。晚稻秧田受害更为严重，常成片枯死，状如火烧。穗期主要为害穗苞，扬花期进入颖壳里为害子房，破坏花器，形成瘪粒或空壳（郭秀英等，2013）。

5. 生物学特性

稻蓟马的世代周期短，各虫态历期也短，在适宜的温度范围内，温度高则发育快。蓟马喜温暖、干旱，其适温为23～28℃，适宜空气湿度为40%～70%；湿度过大不能存活，当湿度达到100%，温度达31℃时，若虫全部死亡。如遇连阴多雨，作物叶腋间积水，能导致若虫死亡。成虫常藏身卷叶尖或心叶内，早晚及阴天外出活动，有明显趋嫩绿稻苗产卵习性；卵散产于叶脉间，幼穗形成后则以心叶上产卵为多。初孵幼虫集中在叶耳、叶舌处，更喜欢在幼嫩心叶上为害。秧苗期、分蘖期和幼穗分化期，是稻蓟马的严重为害期，尤其是晚稻秧（林光国，1989；刁朝强等，1990）。

6. 防治措施

（1）农业防治。调整种植制度，尽量避免水稻早、中、晚混栽，相对集中播种期和栽秧期，以减少稻蓟马的繁殖和桥梁田辗转为害的机会。

（2）生物防治。使用捕食性天敌主要有花蝽、稻红瓢虫等，可以抑制虫害的发生。

（3）化学防治。在水稻抽穗扬花期，即7月10—15日，用48%毒死蜱、20%啶虫脒、10%吡虫啉、40%氧化乐果、高效氯氰菊酯等杀虫剂，对水稻全田喷雾防治，间隔7d再喷施1次。40%噻虫嗪·溴氰虫酰胺悬浮种衣剂的适宜用量为96g/100kg（章守富，2014）。

参考文献

蔡军，王刚，2017. 南疆水稻蓟马危害特征与防治措施 [J]. 农村科技，383（5）：35-36.

刁朝强，刘呈义，陈华，等，1990. 稻蓟马生物学特性及发生规律初步研究 [J]. 耕作与栽培（5）：56-57，55.

郭秀英，袁亮，2013. 稻蓟马的识别与综合防治 [J]. 农技服务，30（6）：577.

林光国，1989. 稻蓟马生物学特性的初步观察 [J]. 江西植保（1）：9-10，8.

章守富，2014. 40%噻虫嗪·溴氰虫酰胺悬浮种衣剂对稻蓟马的防治效果 [J]. 安徽农业科学，42（11）：3275-3277.

HU Q L, YE Z X, ZHANG C X, 2023. High-throughput sequencing yields a complete mitochondrial genome of the rice thrips, *Stenchaetothrips biformis* (Thysanoptera: Thripidae) [J]. Mitochondrial DNA Part B, 8 (2): 204-206.

八、黑尾叶蝉

1. 分类地位

黑尾叶蝉(*Nephotettix cincticeps*)属半翅目(Hemiptera)叶蝉科(Cicadellidae),是我国水稻上的一类重要害虫,也是亚洲水稻矮缩病毒的传播媒介(Yan et al., 2021)。黑尾叶蝉分布区域最广,遍及国内所有稻区,在长江流域及以南稻区发生较重(王前进,2017)。

2. 形态特征

卵:卵粒呈长茄子形,长约1mm,一头稍尖,初产时白色半透明,后渐转淡黄色,胚胎中期在稍尖的一端出现红色的眼点。

若虫:分为5龄,头大,尾较尖,能爬善跳,常横走。

1~2龄:体色黄白色或淡绿色,头部前缘和体背两侧黑褐色。

3~5龄:体色淡绿色或黄绿色,体两侧浓褐色,各胸节和腹部一节背面生有2列小黑点。

5龄:雄若虫腹部黑色,雌若虫腹部黄绿色。

成虫:头部呈黄绿色,身体为橙黄色,头部有黑色圆斑,两只复眼之间有明显的横带。前翅呈黄绿色,前胸背板也是黄绿色,但后半部的颜色较深。在头部的冠状区域,可以观察到一条黑色横带。雄虫的腹部和腹背部都呈黑色,前翅的前端约有1/3也是黑色,其余部分则呈鲜绿色。而雌虫的腹部底部是黄色的,腹背部呈灰褐色,前翅的前端则呈淡黄褐色(刘芹轩等,1983)(图1-27)。

图1-27 黑尾叶蝉成虫

3. 分布地区

在南繁区均有分布。

4. 为害症状

在稻株茎秆刺吸液汁，也可在叶片和穗上取食，对水稻生产的为害类似稻飞虱。叶斑为伤痕斑，小规则，最初为白色，后逐渐变褐色斑块，小限于叶脉间，严重时稻茎基部变黑，后期倒伏。黑尾叶蝉是水稻普通矮缩病、黄矮病、黄萎病的重要传病媒介，间接为害重于直接为害，为害所造成的茎秆伤口还会诱发水稻菌核病的发生。

5. 生物学特性

寄主植物主要有水稻、草坪禾草、大麦、小麦等，通过取食和产卵时刺伤寄主茎叶，破坏输导组织，致植株发黄或枯死（王茂华，2014）。黑尾叶蝉在江浙一带一年可发生5～6代。卵多产于叶鞘边缘内侧，少数产于叶片中肋内。卵粒单行排列成卵块，每卵块一般有卵11～20粒，最多可达30粒。若虫共5龄，体长3.5～4mm。以若虫和少量成虫在绿肥田、冬种作物地、休闲板田、田边、沟边、塘边等杂草上越冬。越冬若虫多在4月羽化为成虫，迁入稻田或茭白田为害，少雨年份易大发生。成虫喜聚在矮生植物上，善跳。趋光性强，若虫喜栖息在植株下部或叶片背面取食，有群集性，3～4龄若虫尤其活跃（赵文华等，2020）。

6. 防治措施

（1）农业防治。主要包括选用抗性品种及改进栽培技术。主要通过加强田间肥水管理，培育壮苗，防止稻苗贪青徒长，增强耐虫能力。此外，及时翻耕绿肥田，清除看麦娘等杂草，可减少越冬虫源。

（2）物理防治。利用黑尾叶蝉成虫的趋光性，采用200W白炽灯进行灯光诱杀。

（3）生物防治。卵寄生蜂主要有褐腰赤眼蜂、黑尾叶蝉缨小蜂、黑尾叶蝉赤眼蜂和黑尾叶蝉大角啮小蜂等，其中以褐腰赤眼蜂为主，寄生率颇高。

（4）化学防治。常用的药剂有50%叶蝉散乳油、50%杀螟硫磷乳油、50%混灭威乳油、25%杀虫双水剂、10%氯噻啉可湿性粉剂、14%氯虫苯甲酰胺·高效氯氟氰菊酯等。

参考文献

刘芹轩，张桂芬，1983. 黑尾叶蝉的发生与防治 [J]. 河南农林科技（5）：13-15，19.

王茂华，2014. 水稻害虫黑尾叶蝉的识别与防治 [J]. 农业灾害研究，4（4）：45-48.

王前进，2017. 黑尾叶蝉—水稻矮缩病毒—水稻三者互作的生物学基础研究 [D]. 杭州：浙江大学.

赵文华，阳菲，谢美琦，等，2020. 介体昆虫黑尾叶蝉的发生与防治分析 [J]. 华中昆虫研究，16：67-74.

YAN B，YU X，DAI R，et al.，2021. Chromosome-level genome assembly of *Nephotettix cincticeps*（Uhler，1896）（Hemiptera：Cicadellidae：Deltocephalinae）[J]. Genome biology and evolution，13（11）：evab236.

九、稻绿蝽

1. 分类地位

稻绿蝽（*Nezara viridula*）属半翅目（Hemiptera）蝽科（Pentatomidae）（Jones et al.，2002）。

2. 形态特征

稻绿蝽主要分为卵、若虫、成虫3个阶段。

卵：圆形，具卵帽，2～6列整齐排列成卵块，每块卵30～70粒。

若虫：若虫分5龄，各龄若虫背部均有红斑、白斑或黄斑，但色型不同的成虫后代有所变异。

成虫：雄虫体长12～14mm，雌虫体长12.5～15.5mm。具绿色、棕色、黄色、红色4种不同色型，大多个体全体绿色或除头前半区与前胸背板前缘区为黄色外，余为绿色，部分个体表现为虫体大部橘红色或除头胸背面具浅黄色或白色斑纹外，余为黑色，绿色和棕色的虫体背部小盾片基部可见3个横列浅色小斑点，与前翅爪片基部的小黑点排成一直列（王迪轩等，2013）（图1-28）。

图1-28　稻绿蝽成虫

3. 分布地区

在南繁区均有分布。

4. 为害症状

稻绿蝽的成、若虫均以刺吸式口器取食水稻叶片、茎秆、穗的汁液，尤喜在穗部吸食为害。平时一般在周边杂草和其他作物上为害，水稻穗期大量迁入稻田，因此，水稻孕穗期以后受害较重，山区或周边杂草丰富的稻田数量较多。水稻苗期和分蘖期受害，叶色变黄，植株矮缩；若心叶、幼穗受害，叶片抽出后在伤口处有破洞，幼穗抽出后出现花白穗或白穗；灌浆期受害则出现空瘪粒。

5. 生物学特性

稻绿蝽是一种多食性害虫，取食多种经济作物，包括水稻、小麦、玉米、豆类以及各种杂草。该虫食性虽杂，但喜集于植物开花期和结实初期为害。成虫趋光性强，多在白天交配，晚间产卵，卵多产于叶背、嫩茎或穗、荚上。若虫孵化后先群集于卵块周围，2龄后逐渐分散，水稻穗期多集中于穗部为害，分蘖期则多在稻株基部为害。

6. 防治措施

（1）农业防治。主要是在冬季和春季的时候结合积肥并清除田边附近的杂草，减少稻绿蝽的来源数量。同时调节播种期或者使用比较适合的生育期品种，尽量使作物的生长避开稻绿蝽发生的高峰期，减少作物的产量损失。

（2）生物防治。通过稻绿蝽的天敌来控制稻绿蝽的数量，其中稻绿蝽的主要天敌为卵期寄生蜂，因此一些研究者对该寄生蜂的生态学、生物学及生物防治方面展开了多层次的调查与研究，并且通过人工饲养大量该寄生蜂的方式，在多个地区进行释放，通过调查发现稻绿蝽得到了很好的控制（仇兰芬等，2009）。

（3）物理防治。可利用成虫在早晨和傍晚飞翔活动能力差的特点，进行人工捕杀。

（4）化学防治。在虫量发生的高峰期或者幼虫刚出壳尚未分散的时候，可选用10%吡虫啉可湿性粉剂1 500倍液、2.5%氯氟氰菊酯乳油2 000 ~ 5 000倍液、90%敌百虫晶体600 ~ 800倍液、2.5%溴氰菊酯乳油2 000倍液、80%敌敌畏乳油1 500 ~ 2 000倍液等喷雾，每亩喷药量50 ~ 60kg。同时在施药的过程中一定要保证田中有3 ~ 5cm水层并维持3 ~ 5d。

参考文献

仇兰芬，车少臣，王建红，等，2009. 荔蝽、稻绿蝽和茶翅蝽生物防治研究概况 [J]. 中国森林病虫，28（2）：23-26.

王迪轩，龙霞，2013. 稻蝽类害虫的识别与综合防治技术 [J]. 农药市场信息（22）：41-42.

JONES V P，WESTCOT D，2002. The effect of seasonal changes on *Nezara viridula*（L.）（Hemiptera：Pentatomidae）in Hawaii [J]. Biological Control，23（2）：115-120.

十、稻象甲

1. 分类地位

稻象甲（*Echinocnemus squameus*）属鞘翅目（Coleoptera）象甲科（Curculionidae），别名稻根象甲或者水稻象鼻虫（冯春刚等，2014）。

2. 形态特征

稻象甲体长约5mm；触角节分7节，第一节棒形，棒节分节明显，颜色为黑褐色；前胸背板和鞘翅的中区无暗褐色斑且背部也无斑纹；鞘翅（前翅）端的半部在行间（中间）上没有瘤突；两鞘翅上各有10条明显的纵沟、1个长形小白斑；中足胫节两侧无游泳毛，仅内侧有一排刚毛；胸腹连接处小盾片清晰可见，被覆白色鳞片（冯春刚等，2014）（图1-29）。

图1-29 稻象甲成虫

3. 分布地区

在南繁区均有分布。

4. 为害症状

稻象甲幼虫和成虫均能为害水稻，幼虫在水稻根部土壤中取食细嫩根须，根部幼虫较多，严重为害时植株落黄，为害轻时症状不明显。成虫主要在早晨和傍晚活动取食，有假死性和趋光性，白天多潜伏于稻苗及田埂杂草丛、土缝等处，阴天全天为害。稻象甲成虫虫体小，有昼伏夜出习性，幼虫孵出后多进入土中为害，不仔细检查不容易发现。据近几年在稻田调查，一般田块秧苗为害率平均在5%左右，严重田块达30%以上，对稻立苗、成苗影响很大（李有志等，2006；冯春刚等，2014）。

5. 生物学特性

稻象甲成虫具有特殊的象鼻式咀嚼口器，在水稻出苗立针期为害造成心叶断裂脱落，引发死苗，尤其是在水稻田埂边、渠旁为害更重，造成秧苗断垄、缺苗现象时常发生，在农忙季节给农户带来移苗补缺、误时误工的麻烦。近年来，稻区水稻面积占比逐步增大，稻象甲为害区域也已扩散至全国稻区。在南方稻区一年发生1代，以幼虫为主在稻桩及其附近越冬，第二年越冬幼虫于5月上旬陆续化蛹，5月下旬至6月初出现化蛹高峰，5月下旬开始羽化成虫，6月上中旬盛发，成虫高峰期一般在6月中下旬至7月上旬。夏初成虫产卵于稻苗基部叶鞘，产卵时在叶鞘上咬一小孔，每孔产卵3～5粒，幼虫孵化后沿稻株潜入土中，在水稻根部活动取食。

6. 防治措施

（1）农业防治。采取以农业防治为主的综合防治措施，科学合理安排茬口轮作。提倡免耕与深耕轮换，轮作换茬提倡推行粮绿轮作、粮饲轮作、粮油轮作，养地用地相结合，压低越冬虫口基数；休耕主要是倡导鼓励冬季机耕晒垡，既能培肥养地、减少土壤有害物质积累，又能有效压低稻象甲的虫口基数，降低其为害程度。在生产实践中适当增加直播田的播种量，也是一种弥补害虫为害的有效途径。

（2）化学防治。水稻播前种子处理时结合防治种传病害，加入杀虫剂拌种处理。可选用20%吡虫啉粉剂或31.9%吡虫·戊唑醇悬浮种衣剂（兼治种传病害水稻恶苗病）。在水稻种子浸种催芽露白后进行种子包衣，用量为1kg种子用药量5～10g，兑水20～30mL制成药液，喷拌搅匀，晾干后正常播种。稻象甲对水稻的为害主要在幼苗前期，一般用90%晶体敌百虫3 000g/hm^2、40%毒死·辛硫磷乳油1 500～1 800mL/hm^2兑水喷施。喷药时注意三点，一是在稻象甲成虫期进行，因为虫卵孵化后，幼虫一旦钻入稻田土壤就难以用药防治；二是根据稻象甲的生物习性和活动规律于傍晚施药；三是在田埂周边稻象甲聚集和栖息场所一并用药，以提高药剂防治效果。

参考文献

冯春刚，李永祥，黄治华，2014. 稻水象甲和稻象甲成虫形态及为害状的主要鉴别特征 [J]. 植物医生（5）：4-5.

李有志，刘慈明，文礼章，2006. 湘北稻象甲爆发原因调查及防治技术 [J]. 江西农业大学学报（3）：359-363.

十一、稻眼蝶

1. 分类地位

稻眼蝶（*Mycalesis gotama*）属鳞翅目（Lcpidoptera）眼蝶科（Satyridae），别名黄褐蛇目蝶、日月蝶、蛇目蝶、短角稻眼蝶，主要为害水稻、茭白、甘蔗、竹子等。以幼虫啃食稻叶，为害严重时整丛植株叶片均被吃光，剩下主脉，以致严重影响水稻正常生长发育，造成减产。在我国河南、陕西以南，四川、云南以东均有分布（贾延波，2012）。

2. 形态特征

卵：卵呈球形，长0.8～0.9mm，米黄色，表面有微细网纹，孵化前转为褐色。

幼虫：老熟幼虫体长30mm，青绿色，头部褐色，头顶有1对角状突起，形似猫头。胸腹部各节散布微小疣突，尾端有1对角状突起，全体略呈纺锤形。

蛹：长15～17mm，初绿色，后变灰褐色，腹背隆起呈弓状，腹部第1～4节背面各具1对白点，胸背中央突起呈棱角状（张良佑等，1986）。

成虫：体长15 ~ 17mm，翅展约47mm，背面暗褐色，前翅正面有2个蛇目状黑色圆斑，前面的斑纹较小；后翅反面有5 ~ 6个蛇目斑，近臀角1个特大。前后翅反面中央从前至后缘横贯1条黄白色带纹，外缘有3条暗褐色线纹。前足退化很小（图1-30）。

图1-30 稻眼蝶成虫

3. 分布地区

在南繁区均有分布。

4. 为害症状

稻眼蝶为突发性猖獗性害虫。幼虫沿叶缘为害叶片呈不规则缺刻，严重时常将叶片吃光，仅留禾蔸部，似“刷把状”但不结苞，有时把稻叶咬断，影响作物生长发育，造成减产。幼虫多在3龄期后为害严重，3龄前其活动力弱，食量少，3龄后食量大增，取食量亦随虫龄的增大而增加，4龄、5龄期食叶量占总量的80%以上。整个幼虫期为害16 ~ 20片稻叶。特别取食水稻剑叶，对产量影响较大。

5. 生物学特性

稻眼蝶成虫羽化多在6—15时，成虫白天活动，飞舞于花丛中采蜜，晚间静伏在杂草丛中，经5 ~ 10d补充营养，雌雄性成熟。交尾一般在14—16时最为旺盛，交尾后第二天开始产卵，将卵散产在叶背或叶面，产卵期30多天，每雌平均产卵90多粒，多的可达166粒。卵散产，田间随机分布，多在中下部叶片的反面，靠近竹林、林荫以及嫩绿禾苗等地的卵粒多，为害较重。卵块粒数田间多是2 ~ 4粒一块。孵化率一般80% ~ 90%，早期产的卵孵化率高，后期低。老熟幼虫虫体缩短，渐变透明，多爬至稻株下部吐丝，卷曲倒挂在叶片上，蜕皮化蛹。蛹像灯笼一样倒掉在叶鞘上，初为淡绿色，气温达22 ~ 28℃时，化蛹后5 ~ 6h即出现气孔和背上的白点。化蛹后半天可看到翅边开始变淡黄色，并呈现翅膀上的圆圈，然后整个蛹变褐色或黑色，最后全部变灰，且腹部拉长到1.3 ~ 1.4cm再破壳而出（卓仁英等，1976）。

6. 防治措施

（1）农业防治。结合冬春积肥，铲除田边、沟边、塘边杂草降低越冬幼虫基数；科学施肥，少施氮肥，避免叶片生长过于茂盛，减少成虫的落卵量；利用幼虫假死性，震落后中耕或放鸭捕食，减少幼虫数量。

（2）生物防治。注意保护利用天敌，如稻螟赤眼蜂、蝶绒茧蜂、螟蛉绒茧蜂、广大腿蜂、广黑点瘤姬蜂、步甲、猎蝽和蜘蛛等在很大程度上抑制虫害的发生。

（3）化学防治。在防治稻眼蝶时，最好在3龄幼虫以后为害高峰期时进行。常用的化学药剂主要有10%吡虫啉可湿性粉剂、90%晶体敌百虫、2.5%溴氰菊酯乳油（敌杀死）、50%杀螟松乳油、5%氟虫腈悬浮剂（锐劲特）等，可依据使用时的实际情况选择合适药剂，并注意药剂轮换使用。

参考文献

贾延波，2012. 稻眼蝶的研究 [J]. 农业灾害研究，2（6）：1-3，6.

张良佑，曾玲，1986. 广东稻眼蝶种类及其生物学特性观察 [J]. 海南大学学报（自然科学版）（2）：5-13.

卓仁英，林文造，元生韩，等，1976. 稻眼蝶的初步研究 [J]. 昆虫知识（3）：78-80.

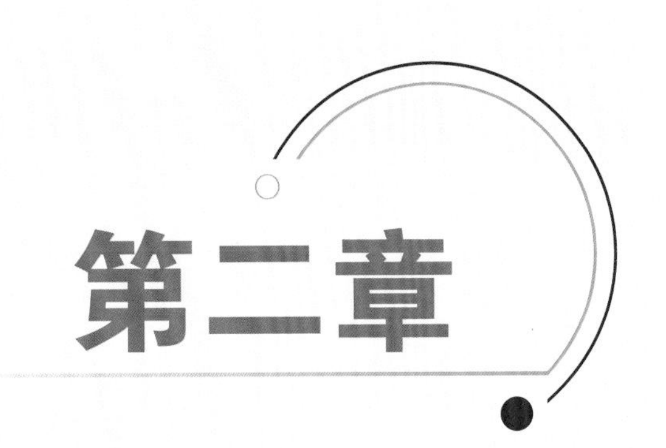

第二章

玉米病虫害

第一节 玉米病害

一、玉米小斑病

1. 病原

玉米小斑病又称玉米斑点病，是我国玉米产区的一种真菌病害，病原为真菌界（Fungi）半知菌亚门（Parazoa）丝孢纲（Hyphomycetes）无孢目（Agonomycetales）长蠕孢菌（郎伟和孙荣，2021；白金铠，1980）。

2. 分布地区

在南繁区均有分布。

3. 为害症状

玉米小斑病病斑为椭圆形、纺锤形和近长方形，病斑后期有轮纹。病斑颜色为灰色至赤褐色，边缘具紫色、红色或褐色晕纹圈，轮廓清晰，大小（5~16）mm×（2~4）mm，有2~3层同心轮纹。表面有霉层，一般为灰黑色。玉米整个生育期均可发病，对叶片、苞叶、叶鞘、雌穗和茎秆均能造成为害，使果穗腐烂和茎秆断折。苗期初感染时多发生于叶片，严重至叶片萎缩枯死。集中在抽穗期、灌浆期对玉米叶片、苞叶和果穗等产生为害。果穗染病时，多为不规则的灰黑色霉区，严重时腐烂发黑（白金铠，1980；郎伟和孙荣，2021）（图2-1）。

4. 发生规律

发病适宜温度为26~29℃。最适温度24℃条件下，1h病原分生孢子即可萌发，若水分充沛且温度高，病情将迅速扩散。玉米孕穗期和抽穗期若持续降雨、湿度高该病较易流行，其中低洼地、过于密植荫蔽地以及连作田发病较重（郎伟和孙荣，2021；白金铠，1980）。

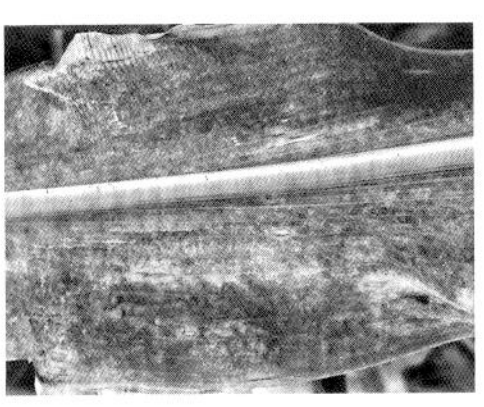
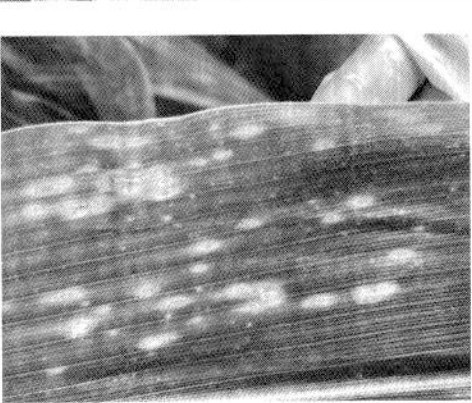

图2-1 玉米小斑病为害症状

5. 防治措施

（1）农业防治。①选用抗病玉米品种。如鄂甜玉11号、农大60、滇引玉米8号、农大3138。②合理密植。株行距一般为75cm×40cm。③合理施肥。增施有机肥和磷肥、钾肥、猪粪等。④加强管理。及时深耕土地，控制病源扩散，将病叶和枯叶摘除避免感染周围的叶、茎。也可以通过加强管理和控制温湿度，减少病菌的侵袭（郎伟和孙荣，2021；白金铠，1980）。

（2）化学防治。10%苯醚甲环唑、醚菌酯、阿米妙收（20%嘧菌酯+12.5%苯醚甲环唑）、70%甲基硫菌灵、50%多菌灵等药剂，在大喇叭口后期喷雾，间隔7d，连喷2～3次，每亩喷药液量0.1kg以上。

参考文献

白金铠，1980. 长蠕孢菌（*Helminthosporium*）分类位置的变动 [J]. 吉林农业大学学报（3）：13-19.

郎伟，孙荣，2021. 玉米小斑病发生规律及防治技术 [J]. 天津农林科技（4）：46.

二、玉米纹枯病

1. 病原

玉米纹枯病又称为烂脚病，是世界性的玉米真菌性病害。病原为真菌界（Fungi）半知菌亚门（Parazoa）丝孢纲（Hyphomycetes）无孢目（Agonomycetales）无孢科（Agonomycetaceae）丝核菌属（*Rhizoctonia*）立枯丝核菌（*Rhizoctonia solani*）（朱惠聪，1982；宁晓雪等，2019）。

2. 分布地区

在南繁区均有分布。

3. 为害症状

病斑为椭圆形、圆形和不规则形，颜色为淡褐色或淡黄白色或淡灰绿色小斑块或水渍状，边界模糊，白色菌丝体向健康部位延伸，病斑叶鞘内侧菌丝体丰盛。后病斑中央颜色变为淡土黄色或枯草白色，淡褐色边缘，最后玉米植株上病斑部组织溃烂，纤维束裸露。多个病斑可愈合形成大块云纹状斑块（朱惠聪，1982；宁晓雪等，2019）（图2-2）。

图2-2　玉米纹枯病为害症状

4. 发生规律

基部叶鞘先发病，后由植株叶鞘自下而上逐步发病，染病叶片由下向上急速凋萎青枯。病斑蔓延至果穗后，受染玉米植株上部茎和叶片不久全部枯死。病株茎秆有褐色形状不规则病斑，后期露出纤维束，质地变得松软，遇大风易折断。果穗发病时穗苞分布大块病斑，后果穗干缩、穗轴腐败。一般玉米抽雄之后玉米纹枯病发生严重，致颗粒无收或灌浆差，秃顶增长，实粒数减少，千粒重下降等（宁晓雪等，2019；马永波，2022）。

5. 防治措施

（1）农业防治。①轮作。玉米与非寄主作物进行轮作。②加强管理。发病初期彻底剥除病部叶鞘；均衡施肥、适量施氮施钾、及时开沟排水、合理密植等。

（2）生物防治。哈茨木霉与绿木霉、芽孢杆菌、土曲霉、假单胞菌、色杆菌、轮枝孢菌等生防细菌可用于防治玉米纹枯病（郝伟，2019；马永波，2022）。

（3）化学药剂。井冈霉素、多菌灵、甲基硫菌灵、福美双·福美锌·福美甲胂及高效杀菌剂嘧菌酯、醚菌酯和退菌特等药剂喷洒病、健部交界处叶鞘，能有效地阻止病部向上蔓延。

参考文献

郝伟，2019. 玉米纹枯病的发生特点及防治措施 [J]. 新农业（5）：24-25.

马永波，2022. 玉米纹枯病的综合防治措施 [J]. 新农业（13）：19.

宁晓雪，苏跃，马玥，等，2019. 立枯丝核菌研究进展. 黑龙江农业科学（2）：140-143.

朱惠聪，1982. 玉米上一种立枯丝核菌病害 [J]. 植物病理学报（2）：63-64.

三、玉米锈病

1. 病原

玉米锈病病原菌为担子菌亚门（Basidiomycotina）锈菌目（Pucciniales）柄锈科（Pucciniaceae）玉米柄锈菌（高粱柄锈菌）（*Puccinia sorghi* Schw.）、玉米多堆柄锈菌（*Puccinia polysora* Underw.）、玉米壳锈菌［*Physopella zeae*（Mains）Cumminset Ramachar］（马桂珍和暴增海，1994；马德成等，2008；白金，2021）。目前报道的玉米锈病有3种，即由玉米柄锈菌引起的普通玉米锈病。由玉米多堆柄锈菌引起的南方玉米锈病和由玉米壳锈菌引起的热带玉米锈病。

2. 分布地区

在南繁区均有分布，主要分布在三亚、陵水、乐东等地。

3. 为害症状

玉米锈病发病初期表现为在叶片上下两面的基部和上部主脉及两侧，散生或聚生淡黄色斑点，后突起形成长形至椭圆形黄褐色、栗褐色或红褐色疱斑，即病原夏孢子堆，疱斑破裂，散出铁锈色粉状物，即病菌夏孢子。发病后期，病斑形成长椭圆形黑色疱斑形式的冬孢子堆，初埋生，后突破表皮溢出黑褐色的冬孢子，长1～2mm，多个冬孢子有时堆汇成片，使叶片提早枯死（马桂珍和暴增海，1994；马德成等，2008；白金，2021）（图2-3至图2-5）。

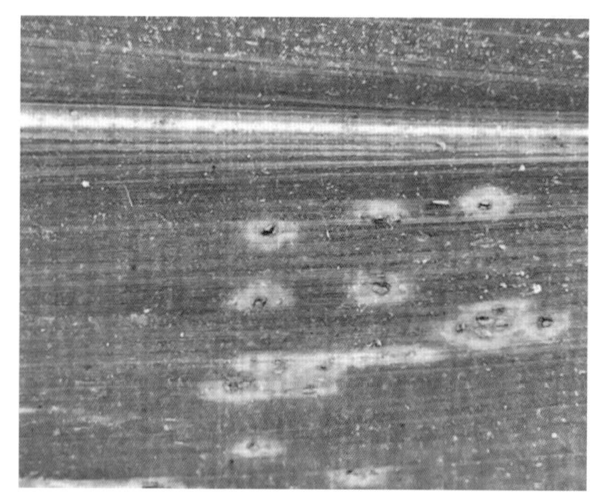
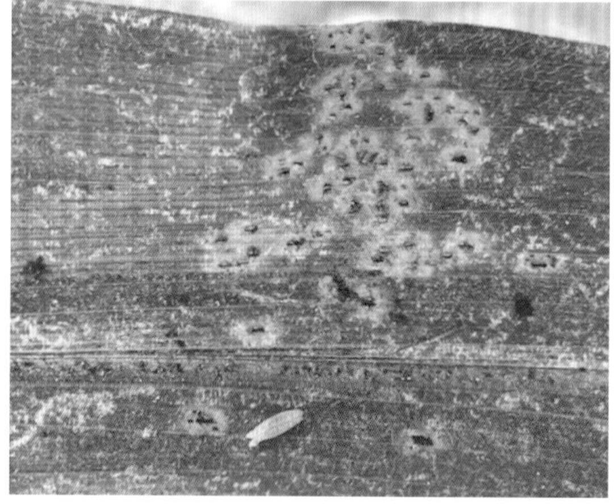

图2-3　玉米锈病为害症状

图2-4　南方玉米锈病为害症状

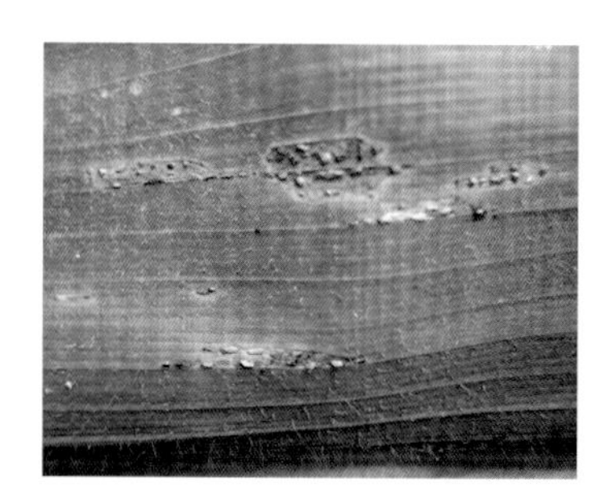

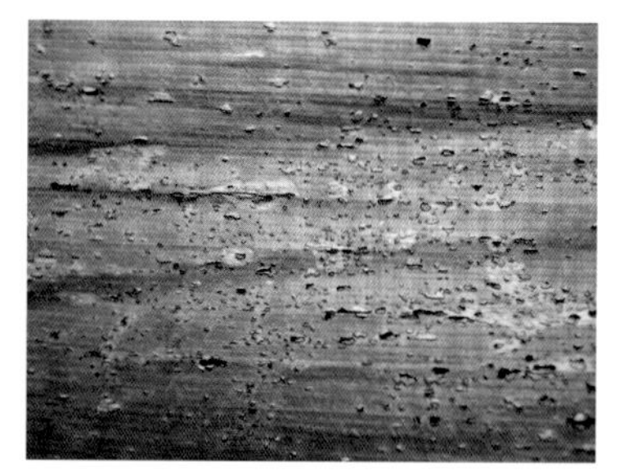

图2-5　普通玉米锈病为害症状

4. 发生规律

该病主要为害玉米叶片，中部叶片发病较重，早熟、中熟玉米品种发病重。远看被害较重玉米田一片枯黄，近看叶片分布大量黄褐色锈状斑。发生部位主要集中在玉米植株中部以上的叶片，重病株全株均表现发病症状，个别植株叶鞘、苞叶、雄穗上均有被害症状（马桂珍和暴增海，1994；马德成等，2008；白金，2021）。

5. 防治措施

（1）农业防治。①合理密植。窄间距保持在32cm左右，宽行距保持在68cm左右。②病体清理。对发病植株立即拔出，远离玉米田进行销毁，避免病菌孢子扩散蔓延。采用深埋、焚烧等方式彻底清除田间的病株残体，减少菌群数量，降低发病概率。③选择抗病品种。郑丹958、农大108等。④加强管理。科学施肥、间作套种及防渍降湿。施肥时磷、钾肥合理搭配，减少氮肥施用。追肥应依据看苗施肥的原则，苗肥轻、穗肥重。此外在玉米生长期间注意防渍降湿，土壤板结田需及时松土以确保玉米根系的生长发育。

（2）化学药剂。25%的粉锈宁800倍液，或5%的三唑酮可湿性粉剂100g/亩，或12.5%禾果利可湿性粉剂100g/亩，兑水50kg。若喷药后24h下雨，应在雨停后立刻重新喷药。除此之外，还可逐行逐株均匀喷施“三唑类”化学农药，如三唑酮、烯唑醇、氟硅唑、腈晴菌唑等减轻为害、减少病源（李石初和杜青，2010；宁睿，2022）。

参考文献

白金，2021. 玉米锈病的发生及防治对策研究 [J]. 现代农业（6）：55-56.

李石初，杜青，2010. 玉米种质资源抗南方玉米锈病鉴定初报 [J]. 现代农业科技（21）：187，189.

马德成，叶梅，魏建华，等，2008. 新疆玉米锈病发生初报 [J]. 新疆农业科技（2）：42.

马桂珍，暴增海，1994. 玉米锈病的研究初报 [J]. 河北农业技术师范学院学报（3）：70-75.

宁睿，2022. 玉米锈病的发生及防治对策研究 [J]. 新农业（11）：4-5.

四、玉米穗腐病

1. 病原

玉米穗腐病是影响玉米产量的主要病害之一，病原菌种类较多，无性真菌类丝孢纲（Hyphomycetes）瘤座孢目（Tuberculariales）瘤座孢科（Tnberculariaceae）镰孢属（*Fusarium*）的拟轮枝镰孢（*Fusarium verticillioides*）、层出镰孢（*F. proliferatum*）、亚粘团镰孢（*F. subglutinans*）等，其中拟轮枝镰孢为优势种（孙华等，2017；张凤，2020；王宝宝，2020）。

2. 分布地区

在南繁区均有分布，主要分布在三亚、陵水、乐东等地。

3. 为害症状

种子：染病种子会腐烂、发霉、坏死，不能顺利发芽，致玉米田缺苗或断垄。

出苗期：染病幼苗不能吸收营养，发育缓慢或停止生长，致玉米田中幼苗长势不一。

开花期：感病的玉米植株茎部会逐渐腐烂，茎部与花枝无法继续生长，严重降低玉米的抽穗率。

抽穗期：感染玉米植株会造成无法结果。初染时玉米植株根部出现大小形状不一的棕褐色病斑，后由茎皮侵蚀内部，致茎基腐烂。彻底侵蚀茎基部第1节后病菌向上扩散为红褐色圆形或长条形病斑。发病后期，病斑转为暗紫色或淡红色的病菌腐块，且发病茎部表面覆盖一层薄薄的白色絮状、淡紫色粉状霉物质，染病茎部内部完全腐烂（图2-6）。后期病菌扩散至果穗，病穗暗淡，籽粒发霉、腐烂，苞叶受到严重侵蚀，苞叶常被密集的菌丝贯穿，黏结在一起贴于果穗上，使苞叶难以被剥离。常见棕褐色和红棕色，少见黄绿色和紫黑色（孙华等，2017；张凤，2020；王宝宝，2020）。

图2-6　玉米穗腐病为害症状

4. 发生规律

病菌侵染时间及渠道不同，染病玉米植株会呈现出不同发病症状，根部开始感染即为根腐，茎部感染即为茎腐，抽穗期感染的即为穗腐。种子携带病菌当年没有发病下年度种植玉米时，温湿度适宜时菌丝则会再次生长致玉米感染。光照充足、排水条件好的山地发病率较低，平地次之，而低洼玉米田最易发病。玉米生长期时高湿、高温穗腐病发生率上升，传播速度加快，温度15～25℃、湿度在75%以上的环境，穗腐病病菌侵害能力明显增强（宋献云，2022；郭友海，2022；曲华，2022）。

5. 防治措施

（1）农业防治。①种植抗或耐病品种。选种抗穗腐病相对较好的品种。②种子处理。种子包衣；挑选玉米种子时剔除病种、残种、带病菌种子；玉米储存时进行充分晾晒，若发现玉米感染穗腐病，进行隔离、暴晒，避免与优良玉米果实混合存放。③加强管理。轮作，玉米与大豆轮作模式对玉米穗腐病的防治有很好的效果。合理密植，株距一般为30～35cm，适当降低密度，保证通风。降低田间湿度，遇涝随排。拔除病株，发现病株及时拔除集中销毁，减少田间病菌侵染。科学施肥，多施钾肥和有机肥。氮、磷、钾肥不宜施用过多，尤其是氮肥施用过多就会使穗腐病发生严重，雨季水退后及时补施锌、钾肥。

（2）化学防治。合理喷施农药，减少害虫机械伤口感染，昆虫为害造成的伤口也是穗腐病致病菌侵染的重要途径。70%的甲基硫菌灵超微可湿性粉剂1 000倍液进行喷洒处理，或选择5%的井冈霉素水剂1 000倍液对穗部进行喷药，需根据不同穗腐病的病原菌类型适当选择药剂类型（宋献云，2022；郭友海，2022；曲华，2022）。

参考文献

郭友海. 2022. 玉米穗腐病的发生特点及防治对策 [J]. 世界热带农业信息（6）：37-38.

曲华. 2022. 玉米穗腐病的发生与防治 [J]. 新农业（8）：9-10.

宋献云. 2022. 玉米穗腐病的发生特点及防治方法 [J]. 农业开发与装备（6）：191-193.

孙华，郭宁，石洁，等. 2017. 海南玉米穗腐病病原菌分离鉴定及优势种的遗传多样性分析 [J]. 植物病理学报，47（5）：577-583.

王宝宝. 2020. 玉米穗腐病致病镰孢菌鉴定与寄主抗性 [D]. 北京：中国农业科学院.

张凤. 2020. 轮枝镰孢菌转录因子FvSwi4-FvSwi6复合体的转录调控机制研究 [D]. 南京：南京农业大学.

五、玉米疯顶病

1. 病原

玉米疯顶病又称指疫霉病、丛顶病，是影响玉米生产的一种危险性霜霉病，病原为鞭毛菌亚门（Mastigomycotina）卵菌纲（Oomycetes）霜霉目（Peronosporales）腐霉科（Peronosporaceae）指疫霉属（*Sclerophthora*）的大孢指疫霉（*Sclerophthora macrospora*）（梁建辉等，2018；温静，2018）。

2. 分布地区

在南繁区均有分布。

3. 为害症状

苗期：病苗病情随生长点生长到达雌穗和雄穗。病苗形成过度分蘖，叶片窄，质地坚韧，或病苗不分蘖，叶片黄化、宽大，皱缩凸凹不平，或叶脉黄绿相间。病苗叶片畸形，上部叶片扭曲或呈牛尾巴状。

成株期：雄穗异常增生，畸形生长。小花转为变态小叶，小叶叶柄长、簇生，致雄穗刺头状，即“疯顶”，或雄穗上部正常，下部大量增生呈团状绣球，不能产生正常雄花。雌穗受侵染后发育不良，不抽花丝，苞叶尖变态为簇生小叶，严重时雌穗内部全为苞叶。部分雌穗分化为多个不能结实的小果穗。穗轴呈多节茎状，不结实或结实极少，且籽粒瘪小。叶片上部叶片和心叶扭曲成不规则团状、环状或牛尾巴状。植株不抽雄，不能形成雄穗。病株轻度或严重矮化，上部叶片簇生，叶鞘呈柄状，叶片窄。部分病株疯长，超过正常植株高度1/5，头重脚轻，易折断（朱世言，2012；罗振湖，2015；温静，2018）（图2-7）。

图2-7　玉米疯顶病为害症状

4. 发生规律

玉米幼芽期最易染病，后随植株生长点的生长而到达雌穗和雄穗。多雨年份和低洼、积水田极易发病。适于侵染土壤温度幅度宽，叶面上形成孢子适温为24～28℃，孢子发芽适温为12～16℃（罗振湖，2015；梁建辉等，2018；温静，2018）。

5. 防治措施

（1）农业防治。①抗病品种。郑单958、丹玉13、浚单20、农大364等。②轮作。与非禾本科作物轮作，如豆类、棉花等。③加强管理。合理密植，增强田间通风透光性。增施有机肥、钾肥，控制氮肥以提高土壤肥力。适期播种，严格控制土壤湿度，5叶期前避免大水漫灌，及时排除田间积水。收获后清除病株及其残体和杂草，远离田地销毁，深翻土壤。

（2）化学防治。①药剂拌种。选用有杀卵菌的药剂，如甲霜灵、瑞毒霉、杀毒矾等，干拌或湿拌均可。湿拌时药剂配成药液再进行拌种，用64%杀毒矾可湿性粉剂，或58%甲霜灵・锰锌可湿性粉剂，以种子量的0.4%拌种；或用200～300g 35%的甲霜灵可湿性粉剂拌100kg玉米种；或用种子量0.2%的瑞毒霉有效成分拌种。②苗期和授粉期可用58%甲霜灵・锰锌300倍液，加配50%多菌灵500倍液，或75%百菌清500倍液，或12.5%特普唑1 500倍液。也可用50%甲硐霜500倍液，或58%甲霜灵・锰锌500倍液，或64%杀毒矾粉剂500倍液喷雾，在药液中加入叶面肥“劳动一号”或“喷霸”可明显提高防治效果。③发病初期可用1：1：150的波尔多液，每隔7～14d喷1次，连喷2～3次；也可用60%灭克锰锌可湿性粉剂1.2～1.3kg/hm^2，兑水750kg/hm^2，均匀喷雾。④呈“牛尾巴”状的病株可用小刀划开扭曲部分，促使其抽穗（郭瑞红，2008；裴凤和张士罡，2009；朱世言，2012；罗振湖，2015；梁建辉等，2018；温静，2018）。

参考文献

郭瑞红，2008. 玉米疯顶病的发生与防治 [J]. 农业科技与信息（7）：20.
梁建辉，李彦青，张春巧，2018. 玉米疯顶病的发生与防治 [J]. 河北农业（8）：32.
罗振湖，2015. 玉米疯顶病的发生与综合防治 [J]. 农民致富之友（24）：79.
裴凤，张士罡，2009. 玉米疯顶病的发生与防治 [J]. 农业知识（16）：26.
温静，2018. 玉米疯顶病的发生与防治对策 [J]. 种业导刊（8）：10-11.
朱世言，2012. 玉米疯顶病的发生与防治 [J]. 现代农业科技（14）：115，117.

六、玉米粗缩病

1. 病原

玉米粗缩病是由玉米粗缩病毒（Maize rough dwarf virus，MRDV）引起的，病毒粒体球状（吴斌等，2020；马鹏等，2020；王荣江等，2020）。

2. 分布地区

在南繁区均有分布。

3. 为害症状

病株节间缩短、粗壮、矮化、常绿，即正常植株发黄了，病株仍绿意盎然，又称“万年青”。

幼苗期一般在玉米5～6叶期发病，心叶基部中脉两侧有透明虚线状褪绿条纹，逐渐扩展至全叶，病部凸起蜡白色条状脉突，叶片短厚、浓绿，节间缩短，顶部叶片簇生，病株严重矮化，不能抽穗结实，根系少，常提前枯死。

10叶期发病叶背为蜡白色凸起条斑，能抽穗结实但雌花花轴缩短、雌穗小或畸形。发病轻的植株雄穗花粉少，散粉能力差，雌穗花丝少，玉米棒短小，结籽率低。

发病严重的植株雄穗难抽出，或抽出后无花粉，花而不实或籽粒较少。叶鞘和苞叶出现与叶片症状相同的条斑，颜色由浅变深，蜡白色转淡褐色后呈黑褐色（王荣江等，2020；胡书红等，2020；李凡建等，2019）（图2-8）。

图2-8　玉米粗缩病为害症状

4. 发生规律

整个玉米生长期间都可能发生，但以苗期最为严重。苗龄越小，越易被侵染，发病越重。病毒媒介灰飞虱寄生于杂草中，在玉米生长发育的中后期迁飞到其他作物上传播病毒，如谷子、高粱、水稻等，在杂草上越冬。第二年继续侵染玉米等作物，形成周年的循环侵染过程（李凡建等，2019）。

5. 防治措施

（1）农业防治。①合理轮作，避免麦苗套种。②抗耐病品种。如农大108、登海3号、郑单958、鲁单50、鲁原单14、鲁单981、登海11号、中科4号、峻单50、登海605、农大372、济单7号。③加强管理。拔除病株，清除田间、地头杂草，减少初始毒源和破坏传毒昆虫的繁衍地；适时深耕；合理施肥、灌溉。

（2）化学防治。①药剂拌种。70%噻虫嗪悬浮种衣剂300倍液拌种；辛硫磷100g（有效成分），50%多菌灵50g，兑水2.5kg，拌玉米种50kg，堆闷4～6h，晾干后播种；噻虫嗪（有效成分）2.1～2.8g拌种子1kg；60%高巧按种子量的0.2%拌种或包衣；70%噻虫嗪水分散粒剂10～30g，拌玉米种10～15kg；10%吡虫啉可湿性粉剂15g兑水6kg浸玉米种5kg，浸24h后捞出直接晾干播种。②消灭昆虫媒介灰飞虱。10%吡虫啉40g，加20%异丙戊乳油1.50mL，兑水40kg喷雾，每5～7d喷药1次。或喷洒25%噻虫嗪可湿性粉剂600倍液等药剂，每6～7d喷1次，连喷2～3次；或在玉米3叶期，每亩用极显30mL+拜耳苗旺特30mL，兑水15kg喷雾，隔10d再喷洒1次，连续阴雨天或大雾天气加喷1次。③50%灭菌成可湿性粉剂（或宁南霉素、病毒必克）60g，加叶面肥，兑水50kg喷雾；或5%氨基寡糖素水剂100g，加水50kg喷雾。在大喇叭口期，可采用无人机喷雾。可缓解病情、钝化病毒（王丽娟等，2007；马鹏等，2020；王荣江等，2020；胡书红等，2020）。

参考文献

胡书红，张瑜，王瑞芳，2020. 玉米粗缩病的发病症状及综合防治措施 [J]. 河南农业（7）：35.

李凡建，仝义涛，2019. 玉米粗缩病症状及防治措施 [J]. 乡村科技（34）：96-97.

马鹏，景怀庄，王恒华，2020. 玉米粗缩病的发生与防治 [J]. 现代农业（9）：56-57.

王丽娟，徐秀德，姜钰，等，2007. 玉米粗缩病毒病在阜新地区发生情况及防治建议 [J]. 辽宁农业科学（4）：38-40.

王荣江，王启柏，毕建杰，2020. 玉米粗缩病发病症状及综合防治技术 [J]. 农业科技通讯（10）：277-279.

吴斌，马立平，张眉，等，2020. 玉米粗缩病抗性相关miRNA的筛选 [J]. 山东农业科学，52（10）：151-156.

七、玉米茎腐病

1. 病原

病原为多种病原菌复合或单独侵染，目前病原主要为镰孢菌［以禾谷镰孢菌（*Fusarium graminearum*）为主］和腐霉菌［以肿囊腐霉菌（*Pythium inflatum*）为主］两大类。

2. 分布地区

在南繁区均有分布。

3. 为害症状

玉米茎腐病病菌一般从根系侵入，在植物体内延展蔓延。褐色的不规则病斑从病茎地上部第1～2节向上纵向扩展，整株叶片自下而上失水，突然褪色，干枯，无光泽，呈现青枯症状，即整株突然干死，尤其在雨后骤晴时，萎蔫和青枯显得更加明显。玉米茎内部维管束游离呈丝状，大部分病株根须减少，初生根和次生根变成红色坏死，内部组织腐烂分解，茎秆变软易倒（曲慧，2023）（图2-9）。

图2-9 玉米茎腐病为害症状

4. 发生规律

在授粉后至成熟期正值7—8月的夏季炎热天气，降雨又集中在这一时期，常造成玉米茎腐病大发生。而夏季干旱雨水少、温度较低的年份则发病较轻（贾冰，2021）。

5. 防治措施

（1）农业防治。①抗病品种。东单1331、东单1991、辽单586、锦玉28、丹玉311等（贾冰，2021）。②轮作。不种重茬、迎茬玉米，适量减少玉米种植面积。积极推广作物（小麦、薯类、花生、豆类和玉米等）间作套种，尽可能地降低发病程度。③加强管理。合理灌溉，多雨季节及时排水、防涝。中耕松土，定期培土。初发病期，清除叶鞘，在茎伤部位涂刷石灰水，增加防治效果。对于病症较轻的植株，可将病斑割除，茎部发病时及时扒开四周培土，降低湿度，减少侵染，待发病盛期过后重新培土。

（2）化学防治。种子处理，浸泡在质量分数为80%的402水剂5 000倍液中24h后捞出晾干即可播种。将25%的铁锈宁可湿性粉剂按种子质量的0.2%进行拌种（贾冰，2021），或与微肥$ZnSO_4 \cdot 7H_2O$、$MnSO_4$配合施用；或利用2.5%适乐时悬浮种衣剂、80%多菌灵可湿性粉剂、20%精甲霜灵+25g/L咯菌腈、卫福400悬浮种衣剂、满适金35悬浮种衣剂、甲霜·种菌唑4.23%微乳剂等药剂进行种子处理（刘春来，2017）。喇叭口期防治玉米茎腐病，选用58%甲霜灵·锰锌可湿性粉剂600倍液、70%百菌清可湿性粉剂600～800倍液等杀菌剂进行茎叶喷雾，隔7d施药1次，连续施药2～3次（贾冰，2021）。

参考文献

段贾冰，2021. 玉米茎腐病的发生与防治 [J]. 新农业（16）：51.
刘春来，2017. 中国玉米茎腐病研究进展 [J]. 中国农学通报，33（30）：130-134.
曲慧，2023. 玉米茎腐病的综合防治措施 [J]. 新农业（1）：14.

第二节 玉米虫害

一、玉米金针虫

1. 分类地位

金针虫是叩头甲类幼虫的总称，属鞘翅目（Coleoptera）叩头虫科（Elateridae），种类多。

2. 形态特征

虫体坚硬光滑有光泽，老熟幼虫体长13～20mm（张冲云等，2010）。其中细胸金针虫（*Agriotes fuscicollis*）初孵化时体色白色、半透明，逐渐转为淡黄褐色，体型细长，圆筒形；沟金针虫（*Pleonomus canaliculatus*）初孵化时体色白色，头部及尾节淡黄色，老熟时呈黄褐色，长有黄色细毛，体型较宽、扁平，胸腹背面有1条纵沟，上唇前线呈三齿状突起，口部及前头部暗褐色（司洋，2017）。

沟金针虫卵为近椭圆形，乳白色，长约0.70mm、宽约0.60mm。蛹为纺锤形，长19～22mm，前胸背板隆起呈半圆形，尾端自中间裂开，有刺状突起。化蛹初期身体为淡绿色，后逐渐变为深色。成虫身体栗褐色，密被细毛（张冲云等，2010；马慧萍等，2010）。

3. 分布地区

在南繁区少有分布。

4. 为害症状

主要在5月以幼虫在土壤中为害玉米幼苗根茎部，造成玉米缺苗及幼苗长势衰弱而减产。为害时，金针虫幼虫可直接咬断刚出土的幼苗；也可钻蛀玉米种子的胚乳中，蛀成孔洞，造成胚乳不能供应养分和水分，幼苗干枯而死。对稍大的幼苗，能钻入根部及根茎取食，被害处不完全咬断，断口不整齐，造成植株生长不良。成虫则在地上取食嫩叶

（司洋，2017；许如斌等，2011）。

5. 生物学特性

多数种类为害植物根部及茎基，取食有机质，约3年1代。6月中下旬成虫羽化，活动能力强，对刚腐烂的禾本科草类有趋性。6月下旬至7月上旬为产卵盛期，卵产于表土内，卵发育历期8～21d。幼虫喜潮湿的土壤，耐低温能力强，成虫活动能力较强，对禾本科草类腐烂发酵时的气味有趋向性，一般在5月10cm土温7～13℃时为害严重，7月上中旬土温升至17℃时即逐渐停止为害（董本春等，2013；许如斌等，2011）。

6. 防治措施

（1）农业防治。人工捕杀，翻土晾晒，灯光诱杀。精耕细作，合理施肥，翻土，合理间作或套种，轮作倒茬。

（2）生物防治。昆虫病原微生物（主要有绿僵菌和白僵菌）防治；植物性农药如蓖麻叶、油桐叶和牡荆叶的水浸液，以苦皮藤、芫花、乌药、马醉木、臭椿和差皂素等的茎、根磨成粉后能较好防治地下害虫；性信息素诱杀。

（3）化学防治。①种子处理。种子用含克百威、吡虫啉等杀虫剂的种衣剂包衣处理。②土壤处理。第二年播种用特丁硫磷、毒死蜱等颗粒剂进行土壤处理。③灌根。害虫数量相对较多，出苗后用50%辛硫磷乳油或48%毒死蜱乳油1 000倍液灌根，严重地块3～4叶期再灌根1次（董本春等，2013）。

参考文献

董本春，李晓光，王晓蔷，2013. 玉米金针虫发生情况调查及防治策略 [J]. 安徽农业科学，41（20）：8543-8544.

马慧萍，潘涛，2010. 沟金针虫的发生与防治 [J]. 农业科技与信息（5）：31-32.

司洋，2017. 玉米金针虫的危害及防治 [J]. 食品界（12）：153.

许如斌，王丽芳，张玲，等，2011. 玉米金针虫的特征、习性、危害及防治技术 [J]. 农村实用科技信息（5）：36.

张冲云，陈露萍，袁老冲，等，2010. 玉米地下害虫的综防技术 [J]. 云南农业（11）：42-43.

二、草地贪夜蛾

1. 分类地位

草地贪夜蛾（*Spodoptera frugiperda*）属鳞翅目（Lepidoptera）夜蛾科（Noctuidae）灰翅夜蛾属（*Spodoptera*）（Luginbill，1928；Sparks，1979），别名秋黏虫。

2. 形态特征

草地贪夜蛾主要分为卵、幼虫、蛹、成虫4个阶段。

卵：圆顶状半球形，底部扁平，通常为100～300粒，呈块状，大多由白色鳞毛覆盖，初产时为绿灰色，渐变为棕色，后接近黑色（图2-10）。

图2-10 草地贪夜蛾卵

幼虫：分6龄，幼龄以卵壳为食，老熟期喜食新叶。幼虫口器为咀嚼式口器。头部呈倒“Y”形白线，3龄开始第8腹节4个斑点呈正方形排列，为浅黄色或者绿色，生长期大约持续14d（图2-11）。

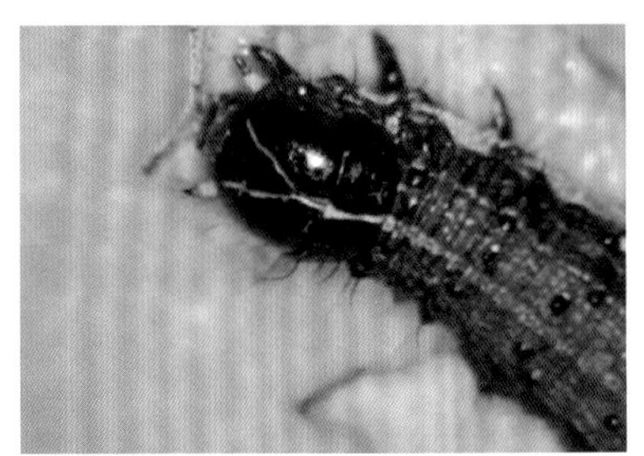
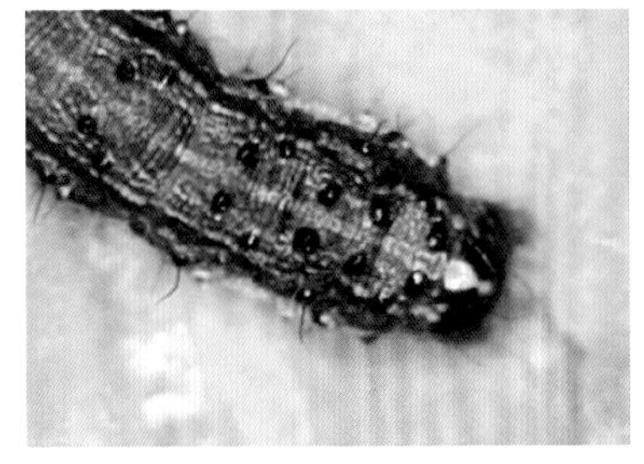

图2-11 草地贪夜蛾幼虫

蛹：被蛹，体色有光泽，初期为淡绿色，逐渐变为红棕色及黑褐色，形状为卵形（图2-12）。

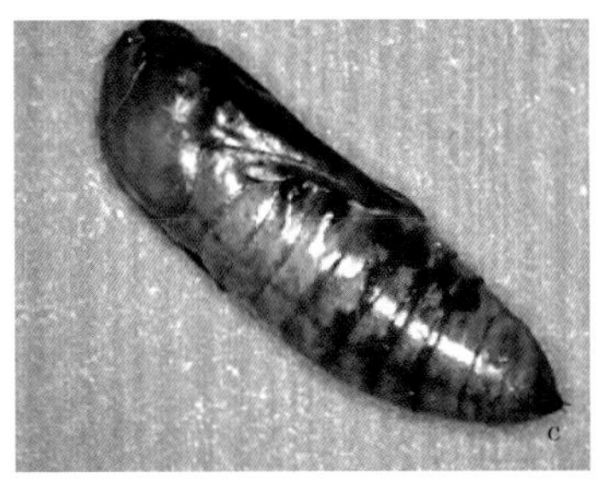

图2-12 草地贪夜蛾蛹

成虫：草地贪夜蛾成虫的翅膀是识别这一物种的关键特征。成虫前翅呈灰褐色至深棕色，并具有明显的深色波浪状纹路和斑点，其中一个显著的特征是中央带有“Y”形或锚形的标记，这些前翅上的图案对于物种的识别尤为重要。后翅相对简单，多为白色或淡灰色，边缘可能装饰有细小的黑点或深色边框。翅膀的尺寸和形态适宜迁飞，成虫的翼展通常介于32～40mm。虽然雌雄成虫在翅膀颜色和图案上差异不大，但雄蛾的前翅有时会显得稍微窄长，而雌蛾的前翅则更加宽阔圆润。这些翅膀特征，结合触角形状和体型等其他特点，使得草地贪夜蛾能够从其他夜蛾科昆虫中准确识别出来。

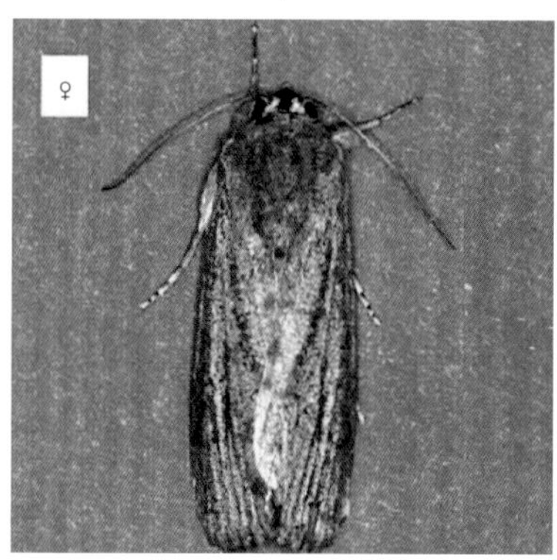

图2-13　草地贪夜蛾雄性成虫和雌性成虫

3. 分布地区

在南繁区均有分布，主要分布在三亚、陵水、乐东等地。

4. 为害症状

草地贪夜蛾在玉米整个生长阶段均可发生。幼虫时取食玉米植株的叶片导致叶片脱落，之后转移到其他部位为害（刘杰等，2019）。有时大量幼虫为害的方式为切根式，将苗及幼小植物的茎切断。幼虫1～3龄时一般在新长出叶片的背面潜伏取食叶肉，留下半透明的咬食“窗孔”；幼虫进入4龄后开始在玉米植株的生长点、嫩叶等部位进行暴食，叶片上留下长形的不规则孔，有的叶片上出现一排孔洞，严重时可吃光整株玉米的叶片，导致植株死亡。高龄幼虫表现出暴食性的特点，可直接蛀食嫩穗。在田间种群基数大的情况下，幼虫可成群扩散（仓晓燕等，2019）（图2-14）。

图2-14　草地贪夜蛾为害症状

5. 生物学特性

草地贪夜蛾的寄主广泛，可为害水稻、玉米、小麦、高粱、黑麦草等80余种植物，其中以为害玉米最为严重。草地贪夜蛾分为玉米型和水稻型两种，前者主要取食为害玉米、棉花和高粱，后者主要取食为害水稻和各种牧草。适生范围广，若气候环境、寄主条件适合时可周年繁殖；迁飞性强，可进行远距离迁飞，成虫具有趋光性，一般在夜间迁飞、交配和产卵（毛彩霞，2019）。

6. 防治措施

（1）农业防治。在生产上选择种植抗病虫的玉米品种，如种植转Bt基因抗虫玉米，可有效控制草地贪夜蛾种群的发展及为害。加强田间管理、科学施用肥水，以提高植株抗虫、耐虫性。调整播期，错开玉米易受为害的敏感生育期与草地贪夜蛾主要发生期。间（套）作非禾本科作物或轮作驱避植物，同时在周围种植诱集杂草或天敌寄主植物，形成生态阻截带，以达到自然控制草地贪夜蛾的目的。

（2）生物防治。在草地贪夜蛾卵孵化初期用绿僵菌、白僵菌、苏云金芽孢杆菌（Bt）以及类黄酮、多杀菌素、苦参、印楝素等生物农药喷施。田间释放短管赤眼蜂、小茧蜂、夜蛾黑卵蜂、草蛉、瓢虫和捕食蝽等天敌昆虫捕食。利用昆虫性信息素制成诱芯诱杀成虫、干扰草地贪夜蛾交配。

（3）物理防治。草地贪夜蛾成虫发生期，集中连片使用杀虫灯诱杀，可搭配性诱剂和食诱剂提升防治效果（陆耀辉等，2023）。

（4）化学防治。化学防治是控制草地贪夜蛾的主要方法，可用于防控草地贪夜蛾的化学药剂有乙基多杀菌素、甲氨基阿维菌素苯甲酸盐、虫螨腈，采用常规喷雾施药法。虫口密度达到10头/100株时，选氯虫苯甲酰胺、溴氰虫酰胺、氟氯氰菊酯、乙酰甲胺磷、丁硫克百威等喷雾防治。20%甲氰菊酯乳油、20%呋虫胺悬浮剂对草地贪夜蛾卵有较高的毒杀效果；5%甲氨基阿维菌素苯甲酸盐微乳剂、20%甲氰菊酯乳油对草地贪夜蛾2龄幼虫具有较强的毒杀效果，最好在清晨或黄昏时喷施于玉米心叶、雄穗和雌穗等部位。注意轮换和交替用药。

参考文献

仓晓燕，张荣跃，尹炯，等，2019. 我国蔗区草地贪夜蛾发生动态监测与防控措施 [J]. 中国糖料，41（3）：77-80.

刘杰，姜玉英，刘万才，等，2019. 草地贪夜蛾测报调查技术初探 [J]. 中国植保导刊，39（4）：44-47.

陆耀辉，杨兰艳，2023. 我国草地贪夜蛾防控策略研究 [J]. 农业科技通讯（2）：135-138.

毛彩霞，2019. 草地贪夜蛾的特征特性及危害玉米症状与防治 [J]. 农技服务，36（6）：61-62.

LUGINBILL P，1928. The fall army worm [J]. Technical Bulletins，6（4）：361-366.

SPARKS A N，1979. A Review of the biology of the fall armyworm [J]. Florida Entomologist，62（2）：82.

三、亚洲玉米螟

1. 分类地位

亚洲玉米螟（*Ostrinia furnacalis*）属鳞翅目（Lepidoptera）草螟科（Crambidae）（王文强等，2016）。

2. 形态特征

玉米螟属于全变态类昆虫，生活史包括卵、幼虫、蛹和成虫4个时期。

卵：长约1mm、宽0.8mm。呈鳞片状排布，扁平椭圆形，通常为数粒至数十粒，初期为乳白色后变为黄白色，孵化前为黑褐色。

幼虫：幼虫共5（少数6龄）。圆筒形，老熟幼虫体长20 ~ 30mm，头部为黑褐色，背部淡灰色或略带淡红褐色，乳白色腹面，具有明显背线，胸足黄色，腹足趾钩为三序缺环（图2-15）。

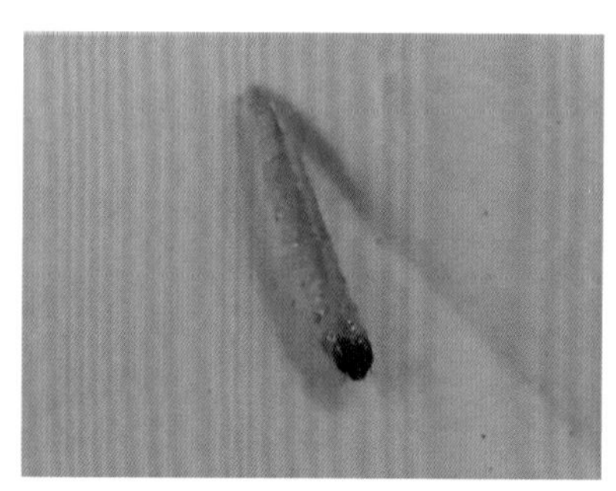
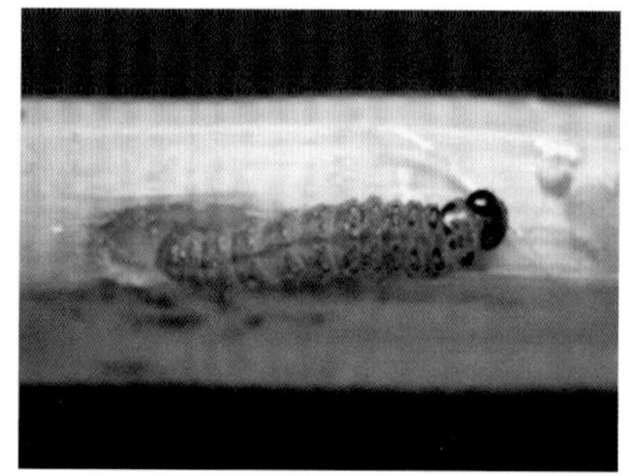

图2-15　玉米螟幼虫

蛹：纺锤形，体长15 ~ 18mm，红褐色或黄褐色，雄蛹腹部较瘦，尾端尖；雌蛹腹部较雄蛹肥大，尾端较钝圆。

成虫：黄褐色，雄蛾体长10 ~ 14mm，翅展20 ~ 26mm，触角丝状、灰褐色，复眼黑色（图2-16）。前翅内横线为暗色波状纹，内侧黄褐色，基部褐色。雌蛾比雄蛾大，体长13 ~ 15mm，翅展25 ~ 34mm，体色浅，前翅淡黄色，线纹与斑纹均淡褐色。外横线与外缘线之间的阔带极淡，不易察觉。后翅灰白色或淡灰褐色（Mutuura et al.，1970）。

图2-16　玉米螟成虫

3. 分布地区

在南繁区均有分布，主要分布在三亚、陵水、乐东等地。

4. 为害症状

玉米螟主要以幼虫为害玉米，可使得其发育不良、籽粒霉烂，严重时可导致玉米大量减产。初孵幼虫一般选择蚕食玉米嫩叶，随后经过叶肉潜入心叶内，进而蛀食心叶，呈现半透明的薄膜状或者排成小圆孔（图2-17）。此外，幼虫也会为害玉米苞叶或雄穗包，并取食玉米雄穗。幼虫会进入茎秆中并取食茎秆，可导致茎秆折断。随着玉米的生长和幼虫虫龄的增大，大量幼虫会取食雌穗，并蚕食雌穗附近的部位，最终导致玉米养分的运输受到影响（孙志远，2012）。

图2-17　玉米螟为害症状

5. 生物学特性

玉米螟成虫有强烈的趋光性，喜昼伏夜出，扩散能力强，且成虫喜在夜间羽化，羽化后就可进行交配，不需要补充营养。初孵幼虫一般先在卵壳附近聚集，1h后即可分散。幼虫共经历5个龄期（只有少数为6龄），幼虫生长发育之后会在不同地方化蛹，大多数幼虫在茎秆内化蛹，极少数爬出茎秆化蛹（孙志远，2012）。

6. 防治措施

（1）生物防治。生物防治同化学防治相比具有较强的针对性和选择性，生物防治没有不良的副作用，可以长期有效地控制为害。在生物防治技术中，当前一般主要采用白僵菌和赤眼蜂防治方法。

（2）物理防治。利用螟蛾的趋光性，用诱虫灯诱杀玉米螟成虫；利用高压汞灯把玉米螟成虫消灭，使田间落卵量大幅度减少，效果显著，且对天敌杀伤不大，成本低，可增产增收。另外，可应用人工合成性信息素（性诱剂）防治玉米螟（刘宏伟，2005）。

（3）化学防治。玉米心叶期撒施高效颗粒剂能有效阻断高龄幼虫蛀茎，辛硫磷等有机磷杀虫剂可以成功地取代有机氯杀虫剂配制成高效颗粒剂，其与拟菊酯类农药混用效果更佳。呋喃丹包膜肥料制剂根区追施，可明显提高玉米产量和质量。

参考文献

刘宏伟，鲁新，李丽娟，2005. 我国亚洲玉米螟的防治现状及展望 [J]. 玉米科学（S1）：142-143，147.

孙志远，2012. 玉米螟综合防治技术研究进展 [J]. 现代农业科技（8）：190-191.

王文强，刘凯强，张天涛，等，2016. 灯下诱集的亚洲玉米螟成虫形态近似种的鉴别 [J]. 植物保护，42（2）：151-154，158.

MUTUURA A，MONROE E，1970. Toxonomy and distribution of European corn borer and allied species：genus *Ostrinia*（Lep：Pyralidae）[J]. Memoirs of the Entomological Society of Canada，71：1-55.

四、黏　虫

1. 分类地位

黏虫［*Pseudaletia separata*（Walker）］为鳞翅目（Lepidoptera）夜蛾科（Noctuidae），又称东方黏虫，是一种典型的季节性远距离迁飞的农业害虫（马丽等，2016）。

2. 形态特征

卵：半球形，表面有网状脊纹，直径0.5mm。初期乳白色，渐变为黄褐色至黑褐色。卵粒单层排列成行，但不整齐。

幼虫：幼虫体长约38mm，头部淡黄褐色，沿蜕裂线有“八”字形黑纹，两侧有褐色网状纹；体色变化很大，由淡绿色到浓黑色，背面有5条彩色纵带，故又名五彩虫（图2-18）。

蛹：红褐色，体长17～23mm，尾端有尾刺3对，中间1对粗大，两侧各有短而弯曲的细刺1对。雄蛹生殖孔在腹部第9节，雌蛹生殖孔位于第8节。

成虫：体色呈淡黄色或淡灰褐色，体长17～20mm，翅展35～45mm，触角丝状，前翅中央近前缘有2个淡黄色圆斑，外侧环形圆斑较大，后翅正面呈暗褐色。雄蛾较小，体色较深，其尾端经挤压后，可伸出1对抱握器，抱握器顶端具1长刺，这一特征是有别于其他近似种的可靠特征。雌蛾腹部末端有1尖形的产卵器（图2-19）。

图2-18　黏虫幼虫

图2-19　黏虫成虫

3. 分布地区

在南繁区均有分布。

4. 为害症状

黏虫喜食禾本科植物，主要为害麦类、水稻、甘蔗、玉米、高粱等作物。以幼虫取食叶片，对农作物产量和品质影响较大，大发生时也为害豆类、棉花、甜菜、白菜、麻及树木等。通常将叶片全部吃光，仅剩光秆，尤其是在幼虫成群结队迁移时，更是饥不择食，除极少数几种植物外，几乎所有绿色作物被掠食一空，造成大幅度减产，甚至颗粒无收的巨大灾害（徐欢，2021）（图2-20）。

图2-20 黏虫为害症状

5. 生物学特性

黏虫各虫态适宜温度在15～25℃，适宜的相对湿度为85%以上。高温、低湿的气候条件不利于其发生。中温高湿成虫产卵量大，卵的孵化率和幼虫成活率高，有利于黏虫大发生。干旱，尤其是高温干旱对黏虫发生不利，长期降雨尤其是暴雨对黏虫的发生也起较大的抑制作用（刘帆，2022）。

6. 防治措施

（1）农业防治。前茬作物收获后，及时将田间、地头杂草锄灭，改变农田小气候，使其环境不利于虫害滋生，消除虫患。

（2）生物防治。如蜘蛛、青蛙、麻雀、隐翅虫、步甲、中华卵索线虫、白星姬蜂、管侧沟茧蜂、红侧沟茧蜂、淡足侧沟茧蜂和伞裙追寄蝇等在很大程度上抑制虫害的发生。

（3）物理防治。可用糖醋液诱杀或杨树把诱杀成虫，也可利用黑光灯等方法诱杀成虫，达到消灭虫害的目的（贾晴蔚，2008）。

（4）化学防治。可亩用2.5%氟氯氰菊酯60～70g兑水30～40kg喷雾，或亩用25%敌百虫油剂100mL超低量喷洒，虫龄大时要适当加大用药量。施药时间应选择早晨或傍晚，这样防治效果较好。

参考文献

贾晴蔚，2008. 黏虫对济源市玉米田发生危害的原因分析及防治策略 [C] //湖北省昆虫学会，湖南省昆虫学会，河南省昆虫学会. 华中昆虫研究（第五卷）. 武汉：湖北科学技术出版社.

刘帆，2022. 洛宁县一代黏虫的重发原因及防治对策 [J]. 河南农业，630（34）：28.

马丽，高丽娜，黄建荣，等，2016. 黏虫和劳氏黏虫形态特征比较 [J]. 植物保护，42

（4）：142-146.
徐欢，2021. 夏玉米苗期黏虫及粗缩病的危害 [J]. 新农业（15）：14-15.

五、条　螟

1. 分类地位

条螟（*Chilo sacchariphagus* Bojer）属鳞翅目（Lepidoptera）螟蛾科（Pyralidae），又称甘蔗条螟和高粱条螟。

2. 形态特征

卵：椭圆形，长约1.5mm，初为乳白色，后变为黄白色或深黄色，排列成双行“人”字形相叠的卵块。

幼虫：分为夏型和冬型，头棕褐色，老熟时体长20～30mm，污白色至淡黄褐色，并有淡红棕色斑点。夏型幼虫背面各节有4个褐色斑点，前排2个椭圆形，后排2个为长方形，其上有刚毛排成方形；冬型幼虫蜕皮后褐斑消失，背面有4条淡紫条纵纹（图2-21）。

图2-21　条螟幼虫

蛹：黑褐色，有光泽，长14～16mm，腹末端有2对尖锐小突，尾部较钝。

成虫：体长10～13mm，翅展24～34mm，头胸背面淡黄色，前翅灰黄色，近翅中央有一个黑点，翅面有20多条暗色纵纹，前缘角尖锐，外缘近呈一条直线，有7个小黑点排成一排，后翅银白色较淡。

3. 分布地区

在南繁区均有分布。

4. 为害症状

初孵幼虫活泼灵活，行动迅速，在心叶内群集为害，蛀食叶肉后仅剩表皮，3龄后开始蛀入茎秆内，蛀茎部位多在节间中部，作环状取食茎髓，造成枯心苗，每株内可有数条至十多条，被害植株遇风折断如刀割状。第2代幼虫主要在高粱心叶或穗部为害，幼虫潜入叶腋，以穗下第1节较多，蛀食穗茎，影响灌浆，造成枯穗。春季降雨多，田间湿度大，第1代为害较重（李振华，2009）（图2-22）。

图2-22 条螟为害症状

5. 生物学特性

成虫具有趋光性。第1代卵全产在春高粱或春玉米心叶中；第2代卵大部分产在夏高粱或夏玉米心叶中，多产于叶片背面基部及中部，26～29℃是条螟生长发育和繁殖的适宜温度（魏吉利等，2019）。

6. 防治措施

（1）农业防治。秋收后至第二年春季4月前，处理高粱和玉米等的秸秆、穗轴、根茬，以及苍耳、龙葵等杂草，消灭其中的越冬幼虫，降低虫源基数。

（2）生物防治。在产卵盛期释放赤眼蜂，每亩释放10 000～20 000头，分2次释放；也可喷施Bt乳油防治。

（3）物理防治。利用成虫的趋光性可用黑光灯、高压汞灯或频振灯在夜间诱杀成虫（张亦诚等，2008）。

（4）化学防治。在条螟为害“花叶期”，可用0.2%杀螟松重点喷洒花叶株的心叶；施用氟铅酸钠对减少枯心苗有明显的效果，一般喷粉效果较好，在发现螟卵时进行施药，每隔7d施药1次，连施3～4次，用量30～45kg/hm^2。

参考文献

李振华，2009. 玉米螟 高粱条螟 粟灰螟的发生与防治 [J]. 现代农村科技，361（10）：16-17.

魏吉利，潘雪红，黄诚华，等，2019. 温度对甘蔗条螟生长发育和繁殖的影响 [J]. 植物保护学报，46（6）：1277-1283.

张亦诚，易代勇，雷朝云，等，2008. 甘蔗螟虫的形态特征、习性及防治技术 [J]. 贵州农业科学，216（1）：95-96，94.

六、桃柱螟

1. 分类地位

桃蛀螟（*Conogethes punctiferalis*）属于鳞翅目（Lepidoptera）螟蛾科（Pyralidae），又被俗称为食心虫、蛀心虫、钻心虫等（张文升等，2022）。

2. 形态特征

卵：近椭圆形，长0.4mm、宽0.3mm，表面有细小圆形突点。初期为卵白色，后渐变为红色。

幼虫：体长20mm左右。头部为褐色，前胸盾片土黄色，臀板灰褐色。体表呈现出明显的体节毛片，背面毛片较大，毛片上着生1～2根刚毛（图2-23）。

图2-23 桃蛀螟幼虫

蛹：长12mm左右，化蛹初期呈淡黄色，后期变为棕褐色。蛹体外罩白色或灰白色丝质薄茧。

成虫：体长12mm左右，翅展23mm左右，一般雌性虫体大于雄性虫体。虫体呈黄色，体表和前后翅分布约40个不规则黑色斑点，体表上约15个，大多数分布在胸部和腹部，形成一个四行三列的区域。前翅的斑点数多于后翅，两侧翅上的黑斑基本呈对称性分布。雄成虫腹部背面末端呈明显的黑色，雌成虫没有此特征（张文升等，2022）（图2-24）。

图2-24 桃蛀螟成虫

3. 分布地区

在南繁区均有分布。

4. 为害症状

幼苗叶片被啃食，出现不规则的斑点，严重时导致幼苗完全枯萎。成虫会在玉米叶片上产卵，同时口器喜食玉米叶、叶鞘、幼穗、雌穗等。口螯刺破玉米叶片，吸取汁液，造成叶片干瘪变黄。

图2-25 桃蛀螟为害症状

5. 生物学特性

桃蛀螟喜潮湿环境，一般多雨年份有利于发生。桃蛀螟成虫的羽化和交配行为主要集中在夜间，白天多在叶背面或隐蔽处静伏产卵，大多数产在具有凹沟的特定的植物结构上，卵一般单粒散产，单株的落卵量在3～5粒（吴立民等，1995）。

6. 防治措施

（1）农业防治。①筛选抗桃蛀螟的作物品种。②处理越冬寄主压低第二年虫源。③调整耕作制度。根据不同作物上桃蛀螟的发生规律调整播期，使为害高峰与作物的生殖生长期错开。合理布局，玉米田周围要避免板栗、桃、石榴等果园的存在。④科学播种，合理密植。

（2）物理防治。利用桃蛀螟的趋光性、趋化性，通过诱虫灯和糖醋酒液对成虫进行诱集消灭。果园内果实套袋，阻隔桃蛀螟成虫的产卵，减少幼虫为害。

（3）生物防治。主要可以通过自然天敌、昆虫病原微生物和性信息素来进行。桃蛀螟的天敌主要有绒茧蜂、广大腿小蜂、抱缘姬蜂等多种寄生蜂。

（4）化学防治。20%的氯虫苯甲酰胺悬浮剂对其幼虫具有很好的防治效果（庞允舜，2021）。

参考文献

庞允舜，2021. 温度对桃蛀螟生长发育和生殖的影响 [D]. 泰安：山东农业大学.

吴立民，陆化森，1995. 玉米田桃蛀螟发生规律的研究 [J]. 昆虫知识（4）：207-210.

张文升，张甘雨，陈珍珍，等，2022. 桃蛀螟对果树的危害及防治研究进展 [J]. 落叶果树，54（5）：68-71.

七、小地老虎

1. 分类地位

小地老虎（*Agrotis ypsilon*）为鳞翅目（Lepidoptera）夜蛾科（Noctuidae）地老虎属（*Agrotis*），俗称土蚕、切根虫、夜盗虫等，是地老虎中分布最广、为害也最为严重的种类（袁盛敏等，2019）。

2. 形态特征

卵：带有光泽，呈馒头状，初产时乳白色，渐变黄色，后变为灰褐色。

幼虫：为圆筒形，老熟幼虫体长37～50mm、宽5～6mm。体暗褐色或灰褐色，体表粗糙有颗粒，臀板上有两条深褐色纵带（图2-26）。

蛹：长22mm，呈红褐色或暗红褐色。腹部第4～7节底部有2个刻点，尾端黑色，有刺2根。

成虫：体长16～23mm，翅展42～54mm，体色多为灰褐色或黑褐色，雌蛾触角端半部呈丝状，雄蛾触角双栉形，栉齿短，仅有触角的一半长。在肾形斑点外有一个明显的尖端向外的楔形黑斑，在亚缘线上有2个尖端向内的黑褐色楔形斑，3斑尖端相对（郭海琴，2017）。

图2-26 小地老虎幼虫

3. 分布地区

在南繁区均有分布。

4. 为害症状

小地老虎主要为害玉米苗期，1～2龄群集于玉米幼苗心叶处取食，将幼嫩组织吃成缺刻，3龄后白天潜伏在表土下，夜出活动为害，咬断嫩茎，并将嫩头拖入穴内取食，5～6龄幼虫为暴食阶段，食量占幼虫期总量的95%以上（和美艳，2017）。

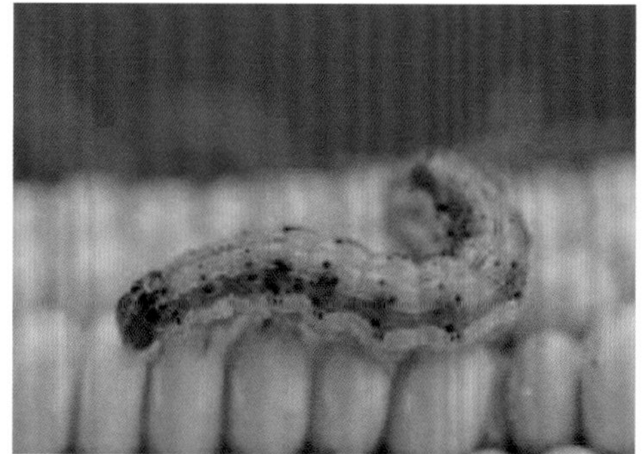

图2-27 小地老虎为害症状

5. 生物学特性

小地老虎发生的适宜温度为18～26℃，相对湿度为70%，高温对其生长发育极为不利，温度大于25℃不利其发生，超过30℃幼虫大量死亡，成虫不产卵，小地老虎任何虫态都不滞育，在气温低于8℃时生长缓慢，发育延迟，幼虫、蛹或成虫都可以越冬（陈庆东等，2014）。

6. 防治措施

小地老虎的防治应根据各地为害时期，因地制宜，采取以农业防治和化学防治相结合的综合防治措施。由于3龄后对药剂的抵抗力显著增加，因此，化学防治一定要掌握在3龄以前。

（1）农业防治。春播前进行精耕细耙，或在初龄幼虫期铲除杂草可消灭部分虫、卵。亦可用泡桐或莴苣叶诱捕幼虫，对高龄幼虫也可在清晨到田间检查，发现有断苗，拨开附近的土块，进行捕杀。

（2）生物防治。目前应用较多的是利用小地老虎天敌，小地老虎的天敌有知更鸟、鸦雀、蟾蜍、鼬鼠、步行虫、寄生蝇、寄生蜂及一些细菌、真菌等。

（3）物理防治。用稻草集中堆放诱集幼虫，并人工进行捕杀。用糖酒醋液诱杀成虫。使用黑光灯诱杀成虫。利用成虫产卵的习性，在田间插设稻草把引诱成虫（蛾）产卵，然后再把产卵后的稻草进行烧毁（袁盛敏等，2019）。

（4）化学防治。针对不同龄期的幼虫采取相应的方法，3龄前可选用喷粉、喷雾或撒毒土进行防治；3龄后，田间出现断苗，用毒饵或毒草诱杀。

用2.5%敌百虫粉30～37.5kg/hm^2，前作为绿肥的玉米田在翻耕时撒施。用50%辛硫磷乳油1 000倍液；90%晶体敌百虫或5.7%高效氟氯氰菊酯1 500倍液喷雾，可毒杀高龄幼虫。50%辛硫磷0.5kg，加水适量，喷拌细土50kg；50%敌敌畏1份，加适量水后喷拌细沙1 000份，每公顷用毒土或毒沙300～375kg，顺垄撒施于玉米幼苗根际周围（和美艳，2017）。

参考文献

陈庆东，刘虹伶，2014. 四川烟田小地老虎的主要生物学特性和防治方法 [J]. 四川农业科技，326（11）：43.

郭海琴，2017. 小地老虎的发生与防治技术研究 [J]. 种子科技，35（9）：117-118.

和美艳，2017. 小地老虎对玉米的危害及其防治对策 [J]. 农业工程技术，37（29）：21-22.

袁盛敏，夏维敏，2019. 浅析昭阳区小地老虎发生与防治技术 [J]. 农村实用技术，207（2）：75.

八、东方蝼蛄

1. 分类地位

东方蝼蛄（*Gryllotalpa orientalis* Burmeister）为直翅目（Orthoptera）蝼蛄科（Gryllotalpidae）蝼蛄属（*Gryllotalpa*）多食性害虫（戴桂荣等，2016）。

2. 形态特征

东方蝼蛄属不完全变态昆虫，一生中只有3个虫态，即卵、若虫和成虫。

卵：初产时长2.8mm，孵化前4mm，椭圆形，初产白色，有光泽后变黄褐色，孵化前暗紫色。

若虫：共8～9龄，末龄若虫体长25mm，体形与成虫相近。初孵时乳白色。

成虫：体长30～35mm，灰褐色，腹部色较浅，全身密布细毛。头部有咀嚼式口器和丝状触角；腹部近纺锤形。前胸背板卵圆形；前足扁平，为开掘足；前翅革质化，长度仅达腹部中央；后翅扇形，较长，超过腹部末端（赵熙宏，2011）（图2-28）。

图2-28　东方蝼蛄成虫

3. 分布地区

在南繁区均有分布。

4. 为害症状

东方蝼蛄成虫、若虫均在土中活动，取食播下的种子、幼芽或将幼苗咬断致死，受害幼苗的根部呈乱麻状，这一点可以区别于其他地下害虫的为害特征（高吭，2009）。

5. 生物学特性

东方蝼蛄的成虫和若虫冬季在冻土层下做土室，休眠越冬。第二年春季2月中下旬表土层温度上升至8℃时，东方蝼蛄开始苏醒活动，3—5月是其为害盛期，5月下旬开始交配、产卵，产卵盛期为6月上旬至7月上旬，产卵前先在土深10～25cm处筑好产卵室，每只雌虫产卵60～100粒（戴桂荣等，2016）。

6. 防治措施

（1）农业防治。深耕犁耙，精耕细作；施用充分腐熟的农家肥；有条件的地区实行水旱轮作。

（2）物理防治。马粪诱杀，具体做法是在林地或苗圃挖30cm^2，深约20cm的坑若干，内堆湿润马粪并盖草，每天清晨捕杀东方蝼蛄。用黑光灯诱杀成虫（戴桂荣等，2016）。

（3）化学防治。可选用5%毒死蜱颗粒剂、3%辛硫磷颗粒剂等药剂。施药时期一般在玉米苗期，如遇气温低，东方蝼蛄一般在表土下活动，最好开沟条施或开穴点施。如遇气温高，东方蝼蛄一般在土表活动，可采取毒土穴施。或用50%辛硫磷乳油或80%敌敌畏乳油800～1 000倍液灌根、灌洞，以灭杀东方蝼蛄。

参考文献

戴桂荣，徐维友，2016. 黄石市菜地东方蝼蛄的综合防治技术 [J]. 长江蔬菜（21）：47-48.

高吭，2009. 东方蝼蛄（*Gryllotalpa orientalis* Burmeister）：特征、功能、力学及其仿生分析 [D]. 长春：吉林大学.

赵熙宏，2011. 东方蝼蛄的防治技术 [J]. 河北林业科技（5）：106.

九、蛴　螬

1. 分类地位

蛴螬俗称白土蚕、蛭虫，是鞘翅目（Coleoptera）金龟总科（Scarabaeoidea），金龟甲总科幼虫的统称（闫永琴，2021）。

2. 形态特征

白色，少数为黄白色，体形呈“C”形弯曲；体壁较柔软多皱，体表疏生细毛；头大而圆，左右刚毛对称（图2-29）。

图2-29　蛴螬

3. 分布地区

在南繁区均有分布。

4. 为害症状

为害玉米、大豆等多种农作物及牧草、果树和林木。苗期咬断幼苗的根、茎，断口整齐平截，地上部幼苗枯死，造成田间大量缺苗断垄或幼苗生长不良，使杂草大量滋生；成株期主要取食大豆的须根和主根，虫量多时，可将须根和主根外皮吃光、咬断。造成地上部植株黄瘦，生长停滞，瘪荚瘪粒，减产或绝收。后期为害造成千粒重降低（陈立娟等，2020）。

5. 生物学特性

蛴螬在10cm土温达13～18℃时活动最盛，23℃以上则往深土中移动，至秋季土温下降到其活动适宜范围时，再移向土壤上层。故蛴螬发生最严重的季节主要是春季和秋季（张震等，2012）。

6. 防治措施

（1）农业防治。播前深挖晒地，施用充分腐熟的有机肥，根据虫情进行土壤处理等措施。利用幼虫怕水淹的特性，在幼虫发生盛期适时灌足水，使之水淹，可控制为害。加强水肥管理，每次浇水要浇透。在4—5月施10%～18%的氨水作追肥，有很好的防虫效果。

（2）生物防治。利用天敌，如益鸟、土蜂等对蛴螬有良好防治效果；蛴螬乳状菌可感染10多种蛴螬，以菌液灌根，使之感病而亡（陈长青等，2022）。

（3）物理防治。利用成虫的趋光性，使用黑光灯或频振式杀虫灯进行预测预报，掌握发生始盛、末期，有的放矢地进行防治。

（4）化学防治。取30～100cm长的杨、榆等树枝，插入40%氧化乐果乳油30～40倍液中，浸泡后捞出阴干，于傍晚放入草坪，毒杀成虫。

参考文献

陈立娟，高凤菊，陈文凭，等，2020. 大豆田蛴螬的发生规律及防治方法 [J]. 大豆科技，169（6）：25-27.

陈长青，薛建国，李慧，2022. 秋季地下害虫蛴螬、金针虫、蝼蛄等的发生防治 [J]. 农家参谋，718（3）：72-74.

闫永琴，2021. 干旱区冷季型草坪蛴螬虫窝诊断与防治 [J]. 甘肃林业科技，46（3）：65-68.

张震，赵晔，2012. 浅谈蛴螬对草坪的危害 [J]. 现代园艺（6）：70-71.

十、红火蚁

1. 分类地位

红火蚁（*Solenopsis invicta* Buren）属于膜翅目（Hymenoptera）蚁科（Formicidae）切叶蚁亚科（Myrmicinae）火蚁属（*Solenopsis*），是一种危险性害虫。

2. 形态特征

头部近正方形至略呈心形，长1.00～1.47mm、宽0.90～1.42mm。头顶中间轻微下凹，不具带横纹的纵沟；唇基中齿发达，长约为侧齿的一半，有时不在中间位置；唇基中刚毛明显，着生于中齿端部或近端；唇基侧脊明显，末端突出呈三角尖齿，侧齿间中齿基以外的唇基边缘凹陷；复眼椭圆形，最大直径为11～14个小眼长，最小直径8～10个小眼长；触角柄节长，兵蚁柄节端离头顶0.08～0.15倍柄节长，小型工蚁柄节端可伸达或超过头顶，前胸背板前侧角圆至轻微的角状，罕见突出的肩角；中胸侧板前腹边厚，厚边内侧着生多条与厚边垂直的横向小脊；胸腹节背面和斜面两侧无脊状突起，仅在背面和其后的斜面之间呈钝圆角状（陈乃中等，2005）（图2-30）。

图2-30　红火蚁

3. 分布地区

在南繁区均有分布。

4. 为害症状

红火蚁是一种杂食性土栖动物，它们会捕食小动物和害虫，但也损害农作物，包括种子、果实、嫩茎和根系，对农业和生态系统造成经济损失。此外，它们在土壤下建造蚁巢，导致土壤结构破坏，对环境造成危害。因此，红火蚁的综合食性对农业和生态构成了威胁（毛红彦，2022）。此外，红火蚁还会伤害海龟卵、蜥蜴卵，甚至一些小型动物，严重影响生物多样性（孙丹，2018）（图2-31）。

图2-31　红火蚁为害症状

5. 生物学特性

红火蚁扩展蔓延的速度受自身生物学、适宜生境资源的多少和社会经济发展程度等多种因素的综合影响。当大量适宜生境资源存在时，携带传播的途径多、频繁，如花卉、苗木、草皮等长距离运输，扩展可能性大且速度快（陆永跃，2014）。

6. 防治措施

（1）物理防治。灌巢是灭杀红火蚁常用的防治手段，主要包括液氮灌注和沸水浇灌两种办法。液氮灌注的成本和专业性要求非常高，不适宜大众实践。沸水浇灌就是挖开目标蚁巢，将沸水直接灌入蚁巢，水量要足，且要灌注到蚁巢的所有区域，连续多次处理，注意安全防护，避免被红火蚁咬伤、沸水烫伤或烫伤植物（吴志红等，2006）。

（2）生物防治。生物防治手段最常见的就是利用病原微生物，改良后的球孢白僵菌浓度可控制在1 108mol/L，把这种溶液注入红火蚁蚁巢，能够起到一定的防治效果（周丽丽等，2021）。另外，可利用天敌进行防治。红火蚁最大的天敌之一就是黄蜻，可以选择春季降雨后对红火蚁进行高效捕杀。但是由于红火蚁的飞行行为十分不稳定，且黄蜻也容易受到其他因素或生长周期的影响，在实际防治时要尽量选择黄蜻活动较为频繁的月份，这样才能减少红火蚁的数量。同时也可以利用寄生性天敌，如寄生蝇对红火蚁群进行抑制，寄生蝇在红火蚁体内产卵会使其发生机体衰弱，达到抑制蚁群扩散的目的（周丽丽等，2021）。

（3）化学防治。利用毒饵诱杀防治红火蚁，由工蚁通过交哺作用将毒性成分传递到红火蚁种群，尤其是传递给蚁后，最终使整个蚁群死亡。多种不同有效成分的毒饵对红火蚁均有较好的杀灭作用，如多杀霉素饵剂、氟虫氰饵剂、茚虫威饵剂、多杀菌素饵剂、硫氟磺酰胺饵剂、氟蚁腙饵剂等（吴志红等，2006）。

参考文献

陈乃中，施宗伟，马晓光，2005. 红火蚁及其重要近似种的鉴别 [J]. 昆虫知识（3）：341-345.

陆永跃，2014. 中国大陆红火蚁远距离传播速度探讨和趋势预测 [J]. 广东农业科学，41（10）：70-72，3.

毛红彦，2022. 红火蚁为害特点及防治措施 [C] //河南省植物保护学会第十二次、河南省昆虫学会第十一次、河南省植物病理学会第六次会员代表大会暨学术讨论会论文集：229-231.

孙丹，2018. 外来有害生物红火蚁为害风险及防控路径方式探究 [J]. 南方农业，12（36）：121-122.

吴志红，覃贵亮，邓铁军，等，2006. 硫氟磺酰胺毒饵防治红火蚁的应用研究 [J]. 中国植保导刊（4）：40-42.

周丽丽，高晓晓，杨洪娟，等，2021. 检疫性害虫红火蚁的危害与防控措施分析 [J]. 质量安全与检验检测，31（5）：51-52.

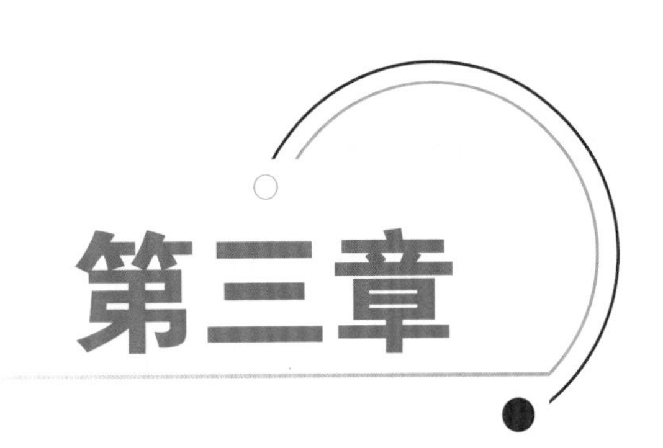

第三章

大豆病虫害

第一节　大豆病害

一、大豆锈病

1. 病原

病原为豆薯层锈菌（*Phakopsora pachyrhizi*）属担子菌亚门（Basidiomycotina）锈菌目（Uredinales）层锈菌科（Phakopsoraceae）层锈菌属（*Phakopsora*）真菌。

2. 分布地区

在南繁区均有分布。

3. 为害症状

大豆锈病主要侵染叶片、叶柄和茎。侵染叶片时，主要侵染叶背，叶面也能侵染。最初叶片上出现灰褐色小点，以后病菌入侵叶组织，形成夏孢子堆，叶上呈现褐色小点，到夏孢子堆成熟时，病斑隆起于叶表皮层呈红褐色到紫褐色或黑褐色病斑。病斑大小在1mm左右，由一至数个孢子堆组成。孢子堆成熟时叶表皮破裂散出粉状可可色夏孢子。干燥时呈红褐色或黄褐色。冬孢子堆的病菌在叶片上呈不规则黑褐色病斑，由于冬孢子聚生，一般病斑大于1mm。冬孢子堆多在发病后期，气温下降时产生，在叶上与夏孢子堆同时存在。冬孢子堆表皮不破裂，不产生孢子粉。在温度、湿度适于发病时，夏孢子多次侵染，形成病斑密集，周围坏死组织增大，能看到被脉限制的坏死病斑。

病菌侵染叶柄和茎时，形成椭圆形或菱形病斑，病斑颜色先为褐色，后变为红褐色，形成夏孢子堆后，病斑隆起，多数病斑都在1mm以上。当病斑增多时，也能看到聚集在一起的大坏死斑，表皮破裂散出大量可可色或黄褐色的夏孢子（图3-1）。

图3-1　大豆锈病为害症状

4. 发生规律

大豆锈病是由夏孢子侵染大豆造成为害。大豆锈病的适宜萌发温度为15～26℃。24℃萌发率最高，在15℃以下，26℃以上，不利于病菌的萌发与入侵。雨量和降雨日数是影响内陆或平原地区锈病发生的主要因素，当雨季推迟或雨量减少时，锈病的发生会随之推迟并减弱，当雨季提前或阴雨连绵时，锈病发生则相应提前。长时间的雾、露天气也有利于夏孢子的侵染和繁殖（单志慧等，2007）。

5. 防治措施

（1）农业防治。①培育抗病，耐病品种，是防治大豆锈病最有效的方法。②作物轮作、避免重茬、合理安排田间种植密度等农业措施。可通过改变耕作制度，改秋豆为春豆，提早播种，使大豆发病期避开适合流行的气候条件，从而降低锈病发病率。避免种植密度过高，以利于田间喷洒杀菌剂。

（2）生物防治。采用筛选活性生防菌、提炼生物制剂等生物防治手段。

（3）化学防治。发病初期喷洒75%百菌清可湿性粉剂600倍液或36%甲基硫菌灵悬浮剂500倍液、50%BAS 3170F 1 000倍液、10%抑多威乳油3 000倍液，每亩喷兑好的药液40L，隔10d左右1次，连续防治2～3次。上述杀菌剂作用不明显时，可喷洒15%三唑酮可湿性粉剂1 000～1 500倍液、50%萎锈灵乳油800倍液、50%硫黄悬浮剂300倍液、25%敌力脱乳油3 000倍液、6%乐必耕可湿性粉剂1 000～1 500倍液、40%福星乳油8 000倍液。

参考文献

单志慧，周新安，2007. 大豆锈病研究进展 [J]. 中国油料作物学报（1）：96-100.

二、大豆枯萎病

1. 病原

病原为尖孢镰刀菌（*Fusarium oxysporum*）属半知菌亚门（Deuteromycotina）从梗孢目（Moniliales）瘤座孢科（Tuberculariaceae）镰刀菌属（*Fusarium*）真菌。有大、小两型分生孢子。

2. 分布地区

在南繁区均有分布。

3. 为害症状

大豆枯萎病田间症状复杂多样。病害发病初期叶片由下向上逐渐变黄至黄褐色萎蔫。幼苗发病后先萎蔫，茎软化，叶片褪绿或卷缩，呈青枯状，不脱落，叶柄也不下垂。成株期病株叶片先从上往下萎蔫黄化枯死，病株一侧或侧枝先黄化萎蔫再累及全株。病根发育不健全，幼苗根系腐烂坏死，呈褐色并扩展至地上3～5节。成株病根呈干枯状坏死，褐色至深褐色。剖开病部根系，可见维管束变褐。病茎明显细缩，有褐色坏死斑，病健部分明，在病健结合处髓腔中可见粉红色菌丝，病健结合处以上部水渍状变褐色。后期在病株茎的基部产生白色絮状菌丝和粉红色胶状物，即病原菌丝和分生孢子。病茎部维管束变为褐色，木质部及髓腔不变色（陈奇来，2016）（图3-2）。

图3-2　大豆枯萎病为害症状

4. 发生规律

病菌发育适温为27～30℃，最适pH值5.5～7.7。发病适温为20℃以上，最适宜温度为24～28℃。在适温范围内、相对湿度在70%以上时，病害发展迅速。

5. 防治措施

（1）农业防治。可种植不携带病原菌的种子和较抗病、耐病品种。加强田间管理，及时拔除病株残体，防止病菌传播。用对镰刀菌有高防效的种衣剂处理种子，这是防治大豆枯萎病的主要途径和常规措施。实行与禾本科作物3～5年轮作，不便轮作的可覆塑料膜进行热力消毒土壤。

（2）化学防治。①及时喷施杀虫、灭菌药，杀灭蚜虫、灰飞虱、玉米螟及地下害虫，断绝害虫传毒、传菌途径。②防治大豆枯萎病可喷洒50%甲基硫菌灵悬浮剂500倍液，或25%多菌灵可湿性粉剂500倍液，或10%双效灵水剂300倍液，或70%琥胶肥酸铜可湿性粉剂500倍液（王丽敏，2017）。

参考文献

陈奇来，2016. 大豆枯萎病的发生与防治技术 [J]. 现代农业研究（1）：49.
王丽敏，2017. 黑龙江省大豆潜在病害的发生与防治 [J]. 现代农业科技（14）：105.

三、大豆紫斑病

1. 病原

病原是菊池尾孢（*Cercospora kikuchii*）属半知亚门真菌，子实体生于叶片两面，子座小，褐色，直径19～35μm；黑暗条件有利萌发（赵风玲等，2008）。

2. 分布地区

在南繁区均有分布。

3. 为害症状

大豆紫斑病可为害其叶、茎、荚、种子，种子上的症状最明显。

叶部症状：子叶被为害后，叶片上起初发生圆形紫红色斑点，散生，扩大后变成不规则形或多角形，褐色、暗褐色，边缘紫色，主要沿中脉或侧脉的两侧发生；条件适宜时，病斑汇合成不规则形大斑；病害严重时叶片发黄，湿度大时叶正反两面均产生灰色、紫黑色霉状物，以背面为多（图3-3）。

茎部症状：茎秆染病，发病初始产生红褐色斑点，扩大后病斑形成长条状或梭形，严重的整个茎秆变成黑紫色，上生稀疏的灰黑色霉层。

荚部症状：荚上病斑近圆形至不规则形，与健康组织分界不明显，病斑灰黑色，病荚内层生有不规则形紫色斑。荚干燥后会变成黑色，有紫黑色霉状物。

种子症状：大豆籽粒上病斑无一定形状，大小不一，多呈紫红色。病轻的在种脐周围形成放射状淡紫色斑纹；病重的种皮大部分变紫色，并且龟裂粗糙。病斑仅对种皮造成为害，不深入内部。籽粒上的病斑除紫色外，尚有黑色及褐色两种，籽粒干缩有裂纹。

图3-3 大豆紫斑病为害叶片和果实

4. 发生规律

紫斑病菌以菌丝在种子及残株叶上越冬，第二年种子发芽时，侵入子叶产生分生孢子，成为再次侵染菌源。产生分生孢子的适温在23～27℃，菌丝生长发育及分生孢子萌发最适温为28℃。大豆生育期内高温多雨发病重，特别是大豆结荚期高温多雨，对籽粒为害重；低洼地比高岗地发病重；过于密植，通风透光不良地块发病亦重。抗病性差的品种发病率较高。

5. 防治措施

（1）农业防治。①精选良种。防治该病首先要做好选种工作，选用抗病性好的优良品种，清除带紫斑病症的种子。或选用早熟品种，有明显的避病作用。②田间管理。剔除带病种子，适时早播，合理密植，避免重茬。轮作倒茬，秋后深耕。收获后及早清除田间病残株叶，带出田外深埋或烧毁，销毁病株；土地深耕深翻，加速病残体的腐烂分解，减少病源；可与非大豆类豆科蔬菜隔年轮作，以减少田间病菌来源。

（2）化学防治。①种子处理。用种子重量0.3%～0.8%的50%福美双粉剂拌种；或用0.3%的40%大富丹或70%敌克松（敌磺钠）拌种；也可用2.5%适乐时悬浮种衣剂，使用浓度为10mL加水150～200mL，混匀后拌种5～10kg，包衣后播种。②大田防治。在叶发病初期和开花结荚期喷药，药剂可选用50%多菌灵可湿性粉剂800倍液、70%甲基硫菌灵可湿性粉剂1 000倍液、65%代森锰锌400～500倍液或160～200倍等量式波尔多液、50%苯来特1 000倍液。在开花始期、蕾期、结荚期、嫩荚期各喷1次30%碱式硫酸铜（绿得保）悬浮剂400倍液或1：1：160倍式波尔多液、50%多·霉威可湿性粉剂1 000倍液、50%苯菌灵可湿性粉剂1 500倍液、36%甲基硫菌灵悬浮剂500倍液，每公顷喷兑好的药液55L左右。多雨季节，在蕾期到嫩荚期或发病初期，喷洒75%百菌清可湿性粉剂或65%代森锌可湿性粉剂500～1 000倍液，一般每隔10～15d喷1次，喷2～3次。

参考文献

赵凤玲，高凤菊，2008. 大豆紫斑病发生的原因及综合防治措施 [J]. 杂粮作物，152（3）：202-203.

四、大豆立枯病

1. 病原

病原有性态为瓜亡革菌（*Thanatephorus cucumeris*）属担子菌亚门亡革菌属。无性态为立枯丝核菌（*Rhizoctonia solani*）AG-4和AG1-IB菌丝融合群属半知菌亚门丝核菌属（朱莉昵，2011）。

2. 分布地区

在南繁区均有分布。

3. 为害症状

大豆立枯病主要为害幼苗的茎基部或地下根部，发病初病斑多为椭圆形或不规则形，呈暗褐色，发病幼苗在早期呈现白天萎蔫、夜间恢复的状态，并且病部逐渐凹陷、溢缩，甚至逐渐变为黑褐色，当病斑扩大绕茎一周时，整个植株会干枯死亡，但仍不倒伏。发病比较轻的植株仅出现褐色的凹陷病斑而不枯死。当苗床的湿度比较大时，病部可见不甚明显的淡褐色蛛丝状霉。立枯病不产生絮状白霉、不倒伏且病程进展慢，可区别于猝倒病（李在源等，2011）（图3-4）。

4. 发生规律

病害的发生、流行与寄主抗性、栽培管理、气候环境等因素相关。

（1）寄主抗性。种子质量差发病重，凡发霉变质的种子发病重，立枯病的病原可由种子传播，并与种子发芽势降低、抗病性衰退有关。

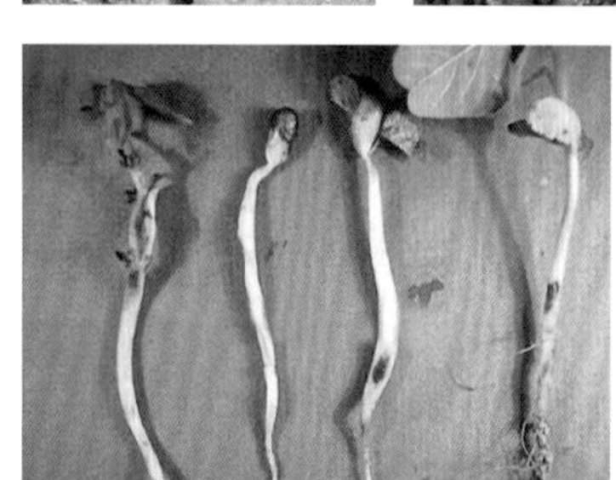

图3-4　大豆立枯病为害症状

（2）栽培管理。地下害虫多、土质瘠薄、缺肥和大豆长势差的田块发病重。播种越早，幼苗田间生长时期发病越重。连作发病重，轮作发病轻。病菌在土壤中连年积累增加了菌量。用病残株沤肥未经腐熟，能传播病害且发病重。

（3）环境。立枯丝核菌喜湿，土壤含水量较高时极易诱发此病。当苗期低温多雨，低洼积水，发病重；高温高湿、光照不足也易发病。

5. 防治措施

（1）农业防治。①选用抗病品种，减少病害的发生。②实行轮作，与禾本科作物实行3年轮作，减少土壤带菌量，减轻发病。③秋季应深翻25～30cm，将表土病菌和病残体翻入土壤深层腐烂分解，可减少表土病菌，同时疏松土层，利于出苗。④灌溉。适时灌溉，雨后及时排水，防止地表湿度过大，浇水要根据土壤湿度和气温确定，严防湿度过高，时间宜在上午进行，可防止灌溉造成土壤过湿，提高地温，有利出苗，减少发病。⑤低洼地采用垄作或高畦深沟种植，适时播种，合理密植，减少病害的发生。⑥提倡施用酵素菌沤制的堆肥和充分腐熟的有机肥，增施磷、钾肥，同时喷施新高脂膜，避免偏施氮肥；施用石灰调节土壤酸碱度，使种植大豆田块酸碱度呈微碱性，培育壮苗，减轻病害。

（2）化学防治。可在发病初期开始喷洒70%乙磷·锰锌可湿性粉剂500倍液、58%甲霜灵·锰锌可湿性粉剂500倍液、64%杀毒矾可湿性粉剂500倍液、18%甲霜胺·锰锌可湿粉600倍液、69%安克·锰锌可湿性粉剂1 000倍液、72.2%普力克水剂800倍液，隔10d左右1次，连续2～3次，并做到喷匀喷足。

参考文献

李在源，孙作丽，2011. 大豆立枯病发生与防治 [J]. 吉林农业（12）：84.
朱莉昵，2011. 大豆立枯病的识别与防治初探 [J]. 园艺与种苗（4）：14-16.

五、大豆疫霉病

1. 病原

大豆疫霉病是由鞭毛菌亚门疫霉属的大豆疫霉菌（*Phytophthora sojae*）侵染引起的土传病害。

2. 分布地区

在南繁区无分布。

3. 为害症状

大豆疫霉病在萌芽期和幼苗期，常见的症状包括根部和胚轴的软腐，颜色变暗，以及幼苗的突然死亡；这时植株表现为立枯，由于水分输导系统的破坏而枯萎。成株期的大豆则会在茎基部出现棕黑色水渍状斑点，有时候茎上的斑点也会向上蔓延，这些斑点破坏植株的输水和输养功能。另外，叶片偶尔也会出现不规则的黄化或坏死病斑。播种期的感染可能导致种子萌发失败，而成熟期的感染则可能导致植株枯死，从而严重影响产量和质量（图3-5）。

图3-5　大豆疫霉病为害症状

4. 发生规律

大豆疫霉病病原菌主要以抗逆性极强的卵孢子附于病残体及土壤中越冬，为第二年大豆疫霉病的初侵染源。病害主要以游动孢子的方式进行传播，遇到潮湿条件，孢子囊进一步释放产生大量游动孢子，并随雨水飞溅和灌溉水传播到其他植株上，游动孢子从大豆根部及下胚轴侵入使植物体染病，引起病害进一步扩散。病害潜育期短，再侵染次数多，传染速度快，往往成片发病。大豆疫霉的为害程度与土壤温度、含水量及黏性有关，在土壤温度为15～25℃时，温度越高，病情越重，当高于35℃时不利于病害发生（兰成忠等，2007）。

5. 防治措施

（1）农业防治。①利用抗病品种防治大豆疫霉病是最为经济有效的防治方法。目前，抗大豆疫霉病效果较好的品种有思源、茶豆、皖3126、301#、AGS292#、通酥823、闽豆1221和毛豆2808（陈军等，2006）。②加强对大豆种苗检疫，减少淹水、漫灌等以防止病原菌随灌溉水传播；发现病株时，拔出并烧毁病株。③通过平地垄作、顺坡开垄种植、提高垄的高度，有效管理土壤湿度；也可采用中耕或深耕培土、及时在雨后排除多余积水防止土壤湿度过大，以减少游动孢子的萌发。④以不感病大豆品种在病害严重的田块轮作4年以上，可减轻土传病害发生与为害。⑤合理施用有机肥，促进土壤中对疫霉菌具有拮抗作用的微生物群落的生长，可提高植物生长活力，增强自身抗病力。

（2）生物防治。目前对大豆疫霉病生物防治因子的应用研究非常广泛，主要包括放线菌、真菌、细菌，其原理是拮抗菌与病原菌争夺营养并抑制后者生长，占领空间位点使病原菌侵染机会减少，诱导植物产生抗性以增强植物自身免疫机制（朱明妍等，2012）。

（3）化学防治。化学防治病害具有成本低、见效快等优点，用化学药剂拌种、喷施叶面及制成种子包衣等都是最常见的使用方法。目前使用效果较好的化学药剂主要有甲霜灵、氟吗啉、烯酰吗啉与安克可湿性粉剂等。

参考文献

陈军，2006. 大豆疫病的症状识别与防治对策 [J] 福建农林科技（6）：46-47.

陈军，黄月英，彭建立，2006. 14个毛豆品种对大豆疫病的田间抗性鉴定 [J]. 中国农学通报，12（12）：339-341.

兰成忠，陈庆河，赵健，等，2007. 大豆疫霉菌部分生物学特性及其药剂筛选研究 [J]. 植物保护，33（4）：92-96.

朱明妍，刘姣，杜春梅，2012. 芽孢杆菌生物防治植物病害研究进展 [J]. 安徽农业科学，40（34）：16635-16658.

六、大豆根结线虫病

1. 病原

病原是根结线虫，为定居型内寄生线虫，属垫刃目（Tylenchida）异皮总科（Heteroderidea）根结线虫科（Meloidogynidae）根结线虫属（*Meloidogyne*），已成为为害农作物的重要病原生物之一（刘勇鹏等，2020）。

2. 分布地区

在南繁区均有分布。

3. 为害症状

主要为害大豆根尖。发病之后，植株地上部逐渐矮化，生长发育不良，叶片褪绿变黄，严重的会导致整株死亡，田间成片黄黄绿绿，参差不齐，将患病植株拔起之后，可以发现根系不发达，根瘤稀少。豆根受线虫刺激，形成节状瘤，病瘤大小不等，形状不一，有的小如米粒，有的形成根结团，表面粗糙，瘤内有线虫。前期为白色或黄白色相间，后期呈现褐色（图3-6）。

图3-6　大豆根结线虫病为害症状

4. 发生规律

雌雄成虫交配产卵，卵在适宜的环境条件下，一般只需要几小时，就可孵化为幼虫，幼虫2龄以后十分活跃，为害也逐渐加重。幼虫通过根部伤口或根尖幼嫩部位进入根内，从根系中吸取营养液并分泌大量激素类物质，刺激根部局部膨大，形成根瘤。根结线虫在土壤内垂直分布可达80cm深，但80%的线虫在40cm土层内。连作大豆田发病重。偏酸或中性土壤适于大豆根结线虫生育。沙质土壤、瘠薄地块利于大豆根结线虫病发生。

5. 防治措施

（1）农业防治。①因地制宜地选用抗线虫病品种，注意同一地区不宜长期连续使用同一种抗病品种。②与非寄主作物如玉米、高粱、谷子等进行3年以上轮作。应在鉴别清楚当地根结线虫种类基础上实行有效轮作。北方根结线虫分布区要与禾本科作物轮作。南方根结线虫区宜与花生轮作，不能与玉米、棉花轮作。轮作年限越长，防治效果越显著（张海军等，2007）。

（2）化学防治。在播种前，可以使用种子重量0.2%的1.5%菌线威颗粒剂和湿润细土200倍混合均匀后，然后进行拌种，使药剂均匀黏着在种子表面，拌种后可直接播种，具有很好的防治作用。

参考文献

刘勇鹏，张涛，王秋岭，等，2020. 生物菌剂防治设施蔬菜根结线虫研究进展 [J]. 中国瓜菜，33（10）：9-14.

张海军，乔丽英，2007. 大豆根结线虫病的发生及防治 [J]. 农民致富之友（8）：24.

第二节　大豆虫害

一、豆卷叶野螟

1. 分类地位

豆卷叶野螟（*Sylepta ruralis* Scopoli）属鳞翅目（Lepidoptera）螟蛾科（Pyralidae），又名郁金野螟蛾，主要为害大豆、绿豆、菜豆、荨麻等。

2. 形态特征

卵：椭圆形，初黄白色，常两粒一起。卵壳表面有网状脊纹。

幼虫：通常显示为淡绿色至深绿色的体色，随成长可逐渐变为更深的色调。它们的身体柔软，略呈圆筒状，刚孵化时只有几毫米长，但随着发育可以增长到几厘米。幼虫的头部相对较小，呈深褐色或黑色。身体两侧常见有一排小白色或浅色斑点，这些斑点周围可能被黑色环绕（图3-7）。

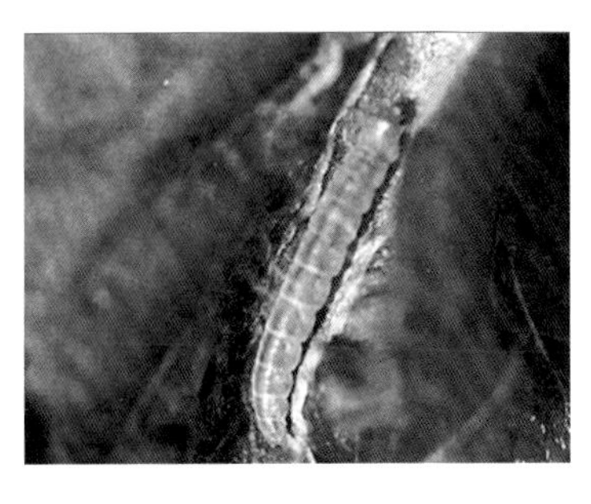

图3-7 豆卷叶野螟幼虫

蛹：褐色，长15mm。腹部5～7节背面具4个突起，前缘2个突起向后伸，稍小，后缘2个向前伸，较大。尾端臀棘有4个钩刺，中间1对较粗短。

成虫：体长12mm，翅展25～26mm。头黄白色，额圆形外突，头顶密生黄白色鳞毛。胸部、腹部背面黄白色或褐色。前翅黄白色，具锯齿状浅灰黑色纹外横线，浅灰黑色弯曲纹内横线，中室内有2个褐色斑，外缘浅褐色。后翅黄白色，有1条浅灰黑色波状横线。足白色（郭秀英等，2012；刘成江，2013）。

3. 分布地区

在南繁区均有分布。

4. 为害症状

主要以幼虫为害叶片。低龄幼虫不卷叶，3龄后将叶横卷成筒状，藏在卷叶里取食，有时数叶卷在一起，大豆开花结荚期受害重，常引致落花、落荚（郭秀英等，2012；刘成江，2013）（图3-8）。

图3-8 豆卷叶野螟为害症状

5. 生物学特性

幼虫有转移为害习性，性活泼，遇惊扰后常迅速倒退。成虫有趋光性，喜在傍晚活动、取食花蜜及交配，多把卵产在生长茂盛、成熟晚、叶宽圆的品种上（郭秀英等，2012；刘成江，2013）。

6. 防治措施

（1）农业防治。①选用抗性品种。②加强管理。合理密植，科学灌溉、施肥（增施磷、钾肥，避免偏施氮肥），及时排水。作物收获后清除田间残枝落叶、杂草。

（2）物理防治。人工摘掉并远离田地销毁带卵豆叶。黑光灯诱杀成虫。

（3）生物防治。可用白僵菌、线虫、寄生蜂等抑制其暴发。或用稀释500～600倍液的苏云金杆菌乳剂（100亿孢子/mL）喷雾杀灭虫害。

（4）化学防治。发现有虫卵及幼虫卷叶前及时使用15%茚虫威胶悬剂3 500～4 000倍液喷雾，或5%氟虫腈悬浮剂2 000倍液喷雾，或1.8%阿维菌素乳油3 000倍液喷雾（注：对鱼类高毒，禁在河流、水塘附近及蜜蜂采蜜期施药），或20%虫酰肼悬浮剂1 500～2 000倍液喷雾（注：佩戴手套施药，避免皮肤与药物接触；禁在水源附近和蚕、桑地区用药；不适宜灌根等任何浇灌方法），或2.5%三氟氯氰菊酯乳油3 000～4 000倍液喷雾（注：对鱼虾、蜜蜂、家蚕高毒，使用时不要污染鱼塘、河流、蜂场、桑园；不能与碱性药物配合或同时使用），或2.5%高效氟氯氰菊酯乳油2 000～4 000倍液喷雾（注：禁与碱性药剂混用；禁在水源附近和蚕、桑地区用药）（郭秀英等，2012；刘成江，2013）。

参考文献

郭秀英，张伟彬，2012. 豆卷叶野螟的发生与综合防治 [J]. 农技服务，29（12）：1300-1301.
刘成江，2013. 豆卷叶野螟的鉴别与防治 [J]. 园艺与种苗（5）：9-12.

二、豆天蛾

1. 分类地位

豆天蛾（*Clanis bilineata tingtauica* Mell）属鳞翅目（Lepidoptera）天蛾科（Sphingidae）豆天蛾属（*Clanis*），别名大豆天蛾，其幼虫俗称豆虫、豆丹、豆蝉，是大豆生产上严重影响产量的暴发性害虫（冯雨艳等，2014）。

2. 形态特征

卵：卵圆形，直径2～3mm、长约3mm，卵壳坚硬，侧端中央卵孔不明显，初产时绿色，后渐变为淡黄色，孵化前于光下可见幼虫虫体。

幼虫：近圆柱形，口器向下，胸足、腹足粗短。共5个龄期，有明显形态差异，可通过头壳、尾角形状和颜色识别。初孵时头部乳黄色，进食后变为绿色。1龄和5龄幼虫头圆形，顶部无尖角，头壳布满小瘤状突。各龄期初期头壳宽均略大于体宽，但蜕皮前头壳宽则明显窄于体宽。胸部前胸不分节，共3节，分布有黄绿色颗粒突起，每胸节有1对橙褐色胸足。腹部圆筒形，共8节，1～8腹节两侧布有黄色斜纹，背部有小皱褶和白色刺状颗粒。3～6腹节腹足4对，颜色与体色相同。腹面色稍淡，腹部侧面各节下方有分枝状的"V"形气门。腹末着生1根尾角，1～2龄幼虫尾角黑色，3龄幼虫尾角上端乳黄色或淡黄色，下端黄褐色，4～5龄幼虫尾角绿色且有密集的微刺，中上部较为明显。气门橙黄色至淡黄色，围气门片色稍深（朱晨旭等，2022）（图3-9）。

图3-9　豆天蛾幼虫

蛹：被蛹，纺锤形，红褐色，腹面色略浅。长40～60mm，胸径15～20mm，腹部第4节宽15～18mm。头部口器突出，喙紧贴蛹体，下颚则分开，基部布有横细刻纹。前足腿节和转节不明显，中足长到达下颚的2/3，不见后足。触角细，长度与前足相当，稍长于中足（图3-10）。

第4腹节腹面上部前翅掩盖，不见后翅。5腹节以下各节前缘着生小刻点。两侧有菱形气门。5～6腹节可见幼虫期的足痕迹。腹部末端为臀棘锥形，稍弯曲于腹侧，端部不分叉。侧面观胸部较光滑，1～4腹节前部有小刻点，可见翅上脉纹。

初化蛹时，蛹体淡黄绿色，渐加深为红棕色，5～6h后呈红褐色。羽化前期呈黑褐色。

雌雄蛹可以腹部末端结构加以区分。雌蛹生殖孔与肛门相近且平坦，可见产卵孔。雄蛹生殖孔凸起与肛门相距较远。

化蛹：老熟幼虫边吐丝边扭动身体入土形成蛹室。蛹室多为椭圆形，较蛹体略大，长7～9cm、宽3～5cm。蛹室周围土壤紧实，内壁光滑，蛹道无规律性弯转。

成虫：长40～45mm，翅长50～60mm，翅展100～120mm。触角丝状（雌）和双栉状（雄）。体和翅黄褐色，多绒毛。头及胸部背中

图3-10　豆天蛾蛹

线细，暗褐色。腹部背面各节后缘有棕黑色横纹。前翅狭长，前缘近中央有一半圆形斑呈淡黄色或褐绿色，翅面上有6条褐绿色波状横纹，顶角有1条暗褐色斜纹。后翅暗褐色，基部上方有赭色斑，后角附近呈黄褐色。雄性外生殖器钩形突起，粗壮，顶端尖锐、不分叉，似鸟喙状向内下方弯曲，两侧外缘平滑；颚形突自中央分叉，为2个向上方伸出的指形叉；背兜明显骨化，边缘有微刺；阳茎基环环形，两侧骨片呈叉状；囊形突为顶端钝的长三角形；抱器为平板状，有浅色毯状纤毛，皱褶密集；抱器腹突似掌形，前端有2个峰状突，上面及外侧有明显骨化的钝齿；阳茎端分为数块骨化片；中部两侧和中央的骨化板有列状的齿及刻点（朱晨旭等，2022）（图3-11）。

图3-11　豆天蛾成虫

3. 分布地区

在南繁区均有发生。

4. 为害症状

幼虫暴食叶片，将叶片咬成缺刻或将叶片吃光，豆株无叶光秆，不能结荚，从而严重影响大豆产量（冯雨艳等，2014），可减产40%～50%（姜永涛，2010）。除为害大豆外，也为害绿豆、豇豆、刺槐等。化蛹和羽化期间若雨水适中，或植株茂密、地势低洼、土壤肥沃的淤地豆天蛾发生严重；干旱或水涝时则不易发生（图3-12）。

图3-12　豆天蛾为害症状

5. 生物学特性

老熟幼虫在9～12cm土层内越冬。第二年春季移动至表土层化蛹。一般在6月中旬化蛹，7月上旬为羽化盛期，7月中下旬至8月上旬为成虫产卵盛期，9月上旬幼虫老熟入土越冬。成虫具强飞行力，弱趋光性。偏好生长茂密的空旷豆田产卵，一般散产于第3片、第4片豆叶背面，少数产在叶正面和茎秆上；成虫通常在白天隐藏，夜间活动。它们会藏在忍冬、农田内的作物及杂草丛中，傍晚开始活动，对黑光灯有较强趋性（李立志和王化玲，2007）。

6. 防治措施

（1）农业防治。①选择抗性品种。成熟晚、秆硬、皮厚、抗涝性强的品种，如皖豆24、徐豆9号、中黄13、中豆26、豫豆25、合豆3号、阜豆9765。②加强管理。及时秋耕、冬灌，适时深耕，降低或消灭越冬虫源；水旱轮作，间作或套种，连作田套种油菜，间作和同穴混播豆田，避免连作豆科植物。

（2）物理防治。设置黑光灯诱杀成虫，减少豆田落卵量。

（3）生物防治。杀螟杆菌或青虫菌（含孢子量80亿～100亿/g）稀释500～700倍液，用菌液750kg/hm^2。产卵盛期释放天敌，如松毛虫赤眼蜂、拟澳洲赤眼蜂、舟蛾赤眼蜂、豆天蛾黑卵蜂、寄生蝇、草蛉和瓢虫等。也可人工捕蛾和4龄以后幼虫（姜永涛，2010）等。

（4）化学防治。低龄幼虫发生初期可用10%多杀霉素悬浮剂30mL/亩，兑水30L均匀喷雾。1～3龄期可用50%马拉硫磷、50%敌敌畏、50%杀螟松、50%倍硫磷等乳剂1 000倍液喷雾；或2%西维因粉等喷粉。喷药宜在下午进行。

参考文献

冯雨艳，马光昌，金启安，等，2014. 豆天蛾海南种群发育历期和实验种群生命表 [J]. 植物保护，40（4）：80-83.

姜永涛，2010. 豆天蛾的发生与防治 [J]. 河南农业（17）：64.

李立志，王化玲，2007. 豆天蛾的发生与防治 [J]. 现代农业科技（16）：85.

朱晨旭，陆明星，杜予州，2022. 豆天蛾不同虫态的鉴别特征研究 [J]. 扬州大学学报（农业与生命科学版），43（4）：137-142.

三、豆灰蝶

1. 分类地位

豆灰蝶（*Plebejus argus*）属鳞翅目（Lepidoptera）灰蝶科（Lycaenidae），是豆科作物的主要害虫之一。

2. 形态特征

卵：扁圆形，直径0.5～0.8mm，刚产时为淡黄绿色，逐渐变为黄白色，孵化前为灰白色。表面无花纹，微有光泽。

幼虫：扁圆筒形，体长9～13.5mm，头部黑色，能缩入前胸内，胸腹部淡绿色，体外密被很多次生刚毛，腹足短，趾钩为双序或三序中带，中间短并有一个匙状叶。背面有两列黑斑，气门线为白色。第7腹节背面中央有一蜜腺孔。幼虫老熟时，体长达到9～13.5mm。背面具2列黑斑。

蛹：长椭圆形，体长8～11.2mm，外表为淡黄绿色，羽化前为灰黑色，无较长绒毛及斑纹。

成虫：体长9～11mm，翅展27～30mm。雌雄异形。触角鞭节为20节，每一节黑白相间。雄虫前后翅均为紫蓝色，无斑点，缘毛白色且长。前翅前缘多白色鳞片，后翅具1列黑色圆点与外缘带混合。雌虫前后翅均为黑色，后翅外缘处有5个黑斑，斑点内侧有一橘黄色带纹，前后翅的缘毛均为白色（郑明山等，1987）（图3-13）。

图3-13 豆灰蝶成虫

3. 分布地区

在南繁区均有分布。

4. 为害症状

为害沙打旺、大豆、绿豆、豇豆等多种作物。幼虫咬食作物叶片的下表皮及叶肉，剩余上表皮，个别啃食叶片的正面，严重时可将整个叶片吃光，只剩主脉或叶柄，偶尔也能为害茎的表皮和幼嫩的荚角。

5. 生物学特性

成虫多在白天羽化和交配，交配时间一般为10～40min，个别长的可达1.5h。成虫一生可多次交配，多次产卵。卵散产，多数产在叶片的背面，也可产在叶柄或幼嫩茎秆上。雌蝶寿命为14.6d，雄蝶为12.4d。初孵幼虫不食卵壳，日夜均可取食寄主。老熟幼虫会爬到植株根部，钻入土壤中化蛹。预蛹期1～2d，蛹期7～14d，蛹的自然死亡率较低，一般在10%以下。幼虫有自相残杀习性，尤其是3龄以后的幼虫，自相残杀严重。幼虫和田间蚂蚁有共生习性。

6. 防治措施

（1）农业防治。在秋冬季深翻土壤灭蛹，减少越冬昆虫的数量。

（2）化学防治。在幼虫孵化初期喷洒25%灭幼脲3号悬浮剂500～600倍液，使幼虫不能正常蜕皮或变态而死亡。在幼虫孵化盛期，可喷洒10%吡虫啉可湿性粉剂1 500倍液，或10%阿维菌素可湿性粉剂1 500倍液，或20%氰戊菊酯乳油2 000倍液，或2.5%溴氰菊酯乳油1 000倍液，或30%灭多威乳油1 500～2 000倍液。

参考文献

郑明山，赵桂芝，胡爱玲，1987. 豆小灰蝶生物学特性及防治研究 [J]. 昆虫知识（4）：232-234.

四、大豆蚜

1. 分类地位

大豆蚜（*Aphis glycines*）属半翅目（Hemiptera）蚜科（Aphididae）蚜属（*Aphis*），是大豆的主要害虫之一。

2. 形态特征

卵：圆形，黄色或黄褐色。

若蚜：若蚜共有4个龄期。1龄若蚜触角4节，腹管长0.05mm，无翅；2龄若蚜触角4～5节，腹管长0.15mm，尾片舌形，无翅；3龄若蚜触角5～6节，腹管长0.21mm，尾片舌形；4龄若蚜触角6节，腹管长0.26mm（图3-14）。

图3-14 大豆蚜若蚜

成蚜：无翅孤雌蚜体长1.60mm、体宽0.86mm。表皮光滑，第7～8腹节可见模糊横网纹。缘瘤位于前胸及腹部第1节和第7节，钝圆锥形，高大于宽。触角1.10mm，为体长的0.70倍。腹管为触角第3节的1.30倍，长圆桶形，有瓦纹、缘凸和切迹。尾片约为腹管长度的0.70倍，圆锥形，近中部收缩，有微刺形成的瓦纹，具长毛7～10根。有翅孤雌蚜体长1.2～1.6mm，长椭圆形，头、胸部黑色，腹部黄色，仅有腹部末端的一斑块是大方形且呈黑色。有翅性母蚜腹部草绿色，触角第3节的次生感觉圈可增至6～9个，其他特征同无翅孤雌蚜（刘健等，2007）。

3. 分布地区

在南繁区均有分布。

4. 为害症状

大豆蚜常以成虫和若虫集中在大豆植株的顶叶、嫩叶和嫩茎上进行刺吸汁液，严重时可布满茎叶，也可侵害嫩荚，影响植株的光合作用和营养物质的积累。受害大豆常表现为叶片皱缩、节间缩短、植株矮化及发育提前等症状。分泌的蜜露布满叶面也常导致霉菌的繁殖而引发霉污病。大豆蚜更是大豆花叶病毒（SMV）田间传播的重要媒介，在病株上取食1min后，其传毒率可高达34.72%。在大豆生育期间，大豆蚜的为害常造成大豆秕荚率增高、百粒重和单株粒重下降，导致大豆减产，造成严重的经济损失（图3-15）。

图3-15　大豆蚜为害症状

5. 生物学特性

大豆蚜分为有翅蚜和无翅蚜。大豆蚜属于异寄生蚜虫，以卵在鼠李科植物枝条上的芽腋或缝隙间越冬，当春季气温达10℃时卵孵化为干母，在鼠李科植物上孤雌繁殖1～2代。随温度的不同，每代历期为2～16d，温度越高每代的历期越短（刘兴龙等，2009）。

6. 防治措施

（1）农业防治。可通过种植抗虫品种、调整播期、与其他作物间作等方式减轻大豆蚜的发生程度。大豆和玉米按4：1的比例间作，对大豆蚜的防治效果大约为90%。

（2）生物防治。在自然界中有许多天敌对大豆蚜有较强的防治作用。可通过人工饲养和释放天敌来防治大豆蚜。大豆蚜常见的天敌有食蚜蝇、异色瓢虫和草蛉等。在大豆田释放异色瓢虫，10d后对大豆蚜的防效高达90%。连续多年的豆田放蜂试验表明，日本豆蚜茧蜂可使大豆蚜的寄生率达56%以上，在中等发生年份可将大豆的卷叶率控制在1%以下。

（3）化学防治。化学防治是控制大豆蚜为害的主要手段。为预防大豆苗期蚜虫，可用大豆种衣剂拌种，一般药、种比例为1：75。当田间点片发生蚜虫，并有5%～10%植株卷叶，或有蚜株率达50%，百株蚜量1 500头以上，天敌较少，温湿度适宜时，可使用40%乐果，每公顷用15kg（苗进等，2005）。

参考文献

刘健，赵奎军，2007. 大豆蚜的生物学防治技术 [J]. 昆虫知识（2）：179-185.

刘兴龙，李新民，刘春来，等，2009. 大豆蚜研究进展 [J]. 中国农学通报，25（14）：224-228.

苗进，吴孔明，李国勋，2005. 大豆蚜的研究进展 [J]. 大豆科学（2）：135-138.

五、甜菜夜蛾

1. 分类地位

甜菜夜蛾（*Spodoptera exigua*）属鳞翅目（Lepidoptera）夜蛾科（Noctuidae），是世界性的重要农业害虫之一。

2. 形态特征

卵：圆馒头形，直径0.2～0.3mm，初产时为浅绿色，快孵化时为浅灰色。卵平铺一层或多层，多层重叠成块状。卵块上覆盖有银白色鳞毛（图3-16）。

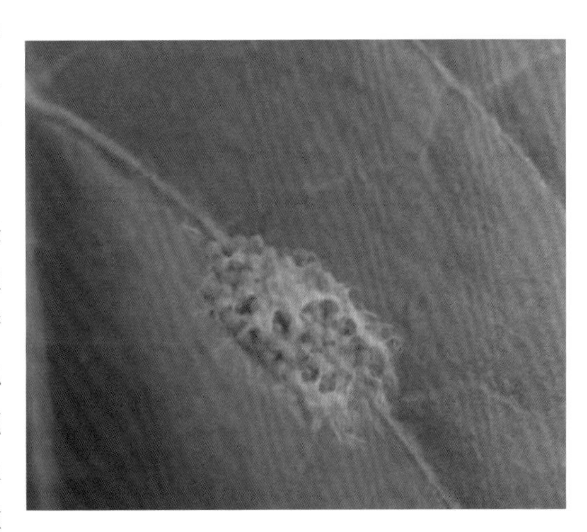

图3-16　甜菜夜蛾卵

幼虫：幼虫从淡绿色到棕色不等，取决于它们的饮食和发育阶段。它们身体上覆盖着细小的毛刺，背部通常有明显的暗色纵带和黄色或白色的侧线。幼虫头部硬化，颜色为棕色或黑色，上面有特征性的“V”形或“Y”形图案。随着幼虫成长，它们的体长可以达到3～4cm。这些幼虫是典型的多食性害虫，能够消耗多种农作物的叶片，其中包括甜菜、棉花、豆类和蔬菜等，它们的取食行为造成的叶片损伤有时会呈现出骨牌或窗户纸的样式（图3-17）。

图3-17　甜菜夜蛾幼虫

蛹：体长8～12mm，黄褐色，腹部第3～7节背面和第5～7节腹面有粗刻点。

成虫：体长11～13mm，翅展26～30mm，头、胸、腹及前翅呈灰褐色，内横线和外横线黑白两色的双线隐约可见，外缘有6个明显的黑色斑点，环形纹小，呈锈褐色。前翅中央近前缘外方有一大而明显的肾形纹，周围有浅褐色边缘，后翅银白色半透明，翅脉褐色（王春蕾，2022）（图3-18）。

图3-18　甜菜夜蛾成虫

3. 分布地区

在南繁区均有分布。

4. 为害症状

幼虫孵化后先取食卵壳，3～5h后陆续从卵块上的鳞毛中爬出，并在卵块附近群集啃食，或在两片重叠叶片之间啃食表皮叶肉，造成网状半透明斑。1～2龄幼虫群集在叶背卵块处吐丝结网，啮食叶肉，残留表皮，3龄后分散取食为害，使叶片形成穿孔或缺刻，4龄后食量大增，为害叶片严重，造成烂叶。4～5龄幼虫的取食量占全幼虫期的80%～90%（图3-19）。

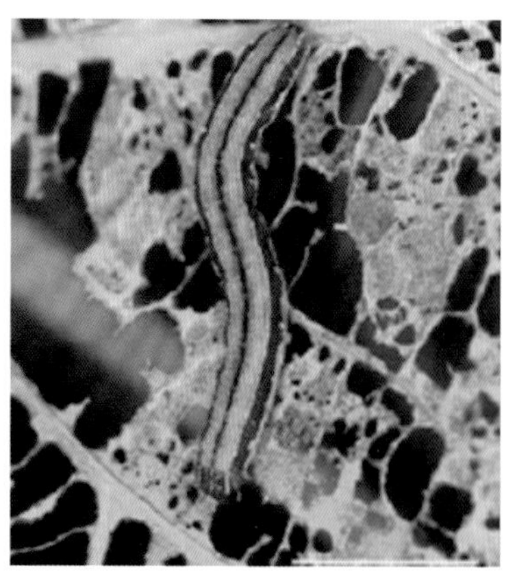

图3-19　甜菜夜蛾为害症状

5. 生物学特性

幼虫有假死性。虫口密度过大时，会自相残杀。幼虫老熟后，在土表下0.5～3cm处做椭圆形土室化蛹，也可在植株基部隐蔽处化蛹。成虫昼伏夜出，白天潜伏于土缝、杂草丛及植物茎叶浓密处，傍晚开始活动。卵多产于寄主植物的叶片背面，但在辣椒上有90%的卵产于叶片正面。甜菜夜蛾雌蛾一生平均交配2次，最高可达5～6次，有2d的产卵前期。成虫寿命6～10d，卵孵化一般只需要2～3d（虞国跃等，2021）。

6. 防治措施

（1）农业防治。①作物收获后及时清除残株，配合深翻土壤灭蛹等操作，减少害虫的生存繁衍场所，消灭虫源。②进行田间操作，利用甜菜夜蛾卵多产在叶背面，且覆盖有银白色鳞毛较明显的特征，及时摘除卵块和初孵幼虫的叶片。③利用其假死性，在定植时进行震落和捕杀幼虫（崔劲松等，2015）。

（2）生物防治。甜菜夜蛾可被一种甲腹茧蜂寄生，还发现叉角厉蝽可捕食甜菜夜蛾。甜菜夜蛾也可被核型多角体病毒（SPV）侵染致死。

（3）物理防治。利用甜菜夜蛾的趋光性和趋化性，用黑光灯或性诱剂诱杀成虫，效果比较明显，可大幅减少害虫数量。

（4）化学防治。可选用15%茚虫威乳油1 000～1 500倍液、2.5%多杀霉素悬浮剂1 000～1 500倍液、10%溴虫腈悬浮液1 000～1 500倍液防治。

参考文献

崔劲松，梅爱中，许海蓉，等，2015. 甜菜夜蛾发生规律与控制技术 [J]. 上海蔬菜（6）：53-54.
王春蕾，2022. 甜菜夜蛾生物学特性及防治 [J]. 农业科技与装备（1）：19-20.
虞国跃，张君明，2021. 甜菜夜蛾的识别与防治 [J]. 蔬菜（10）：82-85.

六、短额负蝗

1. 分类地位

短额负蝗（*Atractomorpha sinensis*）属直翅目（Orthoptera）锥头蝗科（Pyrgomorphidae）负蝗属（*Atractomorpha*），为害多种农作物，是一种农业害虫。

2. 形态特征

卵：椭圆形，端部钝圆，黄褐色至深黄色。长4.5～5.0mm、宽1.0～1.2mm。卵块外被褐色网状丝囊，卵粒斜列囊内成4纵行。

若虫：分为5个龄期。1龄若虫无翅芽，2龄若虫翅芽呈贝壳形，3龄若虫翅芽呈贝壳重叠形或扇形，4龄、5龄若虫翅芽尖端部向背方曲折。

成虫：翅膀内有红色花纹（杨辅安等，1996）（图3-20）。

图3-20　短额负蝗成虫

3. 分布地区

在南繁区均有分布。

4. 为害症状

为多食性，主要取食大豆、棉花、白菜、油菜、花生等植物，其中以大豆、棉花受害最重。该虫以若虫、成虫取食寄主叶片。初孵幼虫聚集在叶片表面啃食叶肉，2龄若虫啃食叶片，造成叶片孔洞和缺刻，高龄若虫和成虫发生严重时可将叶片吃光，仅剩叶柄。成虫期的食量远远高于整个若虫期，雌虫的食量远远高于雄虫（李文博等，2020）（图3-21）。

图3-21　短额负蝗为害症状

5. 生物学特性

此虫有多次交尾的习性，交尾多集中在晴朗天气和气温较高的中午。交尾后7～23d，平均为16d左右，雌虫便开始产卵。卵多产于草多、向阳的沙壤土中，产卵深度为3～5cm。初孵的幼虫主要集中在田埂、地边、渠堰等地的干燥处活动，喜群集在附近的幼嫩双子叶杂草和作物上取食。在天气炎热的中午或低温情况下，多栖息在作物根部或杂草丛中。成虫羽化多在上午。短额负蝗擅长跳跃或短程飞翔，活动范围较窄，不能远距离迁飞（田方文，2005）。

6. 防治措施

（1）农业防治。根据短额负蝗产卵多集中在田埂、渠堰两侧的特点，应在春、秋两季把田埂和地边5cm以上的土及杂草铲除，使得卵块暴露在地面晒干或冻死，或者重新加厚地埂，增加覆土厚度，使孵化后的幼虫钻不出地面而死亡（及尚文等，1995）。

（2）生物防治。短额负蝗在田间的天敌主要有麻雀、青蛙和大寄生蝇等。保护天敌动物，利用天敌来减少短额负蝗的数量。

（3）化学防治。选择每亩喷敌马粉剂1.5～2kg，或者每亩用15mL 20%速灭杀丁兑水400kg喷雾。

参考文献

及尚文，朱红，朱玉山，等，1995. 短额负蝗发生规律及防治研究 [J]. 山西农业科学（2）：49-52.

李文博，高宇，崔娟，等，2020. 温度对短额负蝗生长发育及种群趋势的影响 [J]. 中国油料作物学报，42（1）：127-133.

田方文，2005. 紫花苜蓿田短额负蝗发生规律与防治 [J]. 草业科学（3）：79-81.

杨辅安，黄有政，汪园林，1996. 短额负蝗生物学特性的观察 [J]. 昆虫知识（5）：278.

七、小绿叶蝉

1. 分类地位

小绿叶蝉（*Empoasca flavescens*）属半翅目（Hemiptera）叶蝉科（Cicadellidae），是茶树等重要作物的害虫。

2. 形态特征

卵：长椭圆形，白色，长约0.6mm、宽约0.15mm，略弯曲。

若虫：体长2.5～3.5mm，形态与成虫相似。复眼由赤色渐转灰褐色，足爪褐色，头冠及腹部各节生有白色细毛，翅芽随着蜕皮而增大。

成虫：体长3.1～3.8mm，体黄绿色至浅黄色。前翅为白色、淡黄色、半透明色，后翅为透明膜状，爪呈棕褐色。头顶有两个绿色斑点，头部有较大灰褐色复眼，位于头部两侧，占整个头部的一半；在复眼内部密集排列了蜂窝状正六边形小眼（杨子银等，2022）（图3-22）。

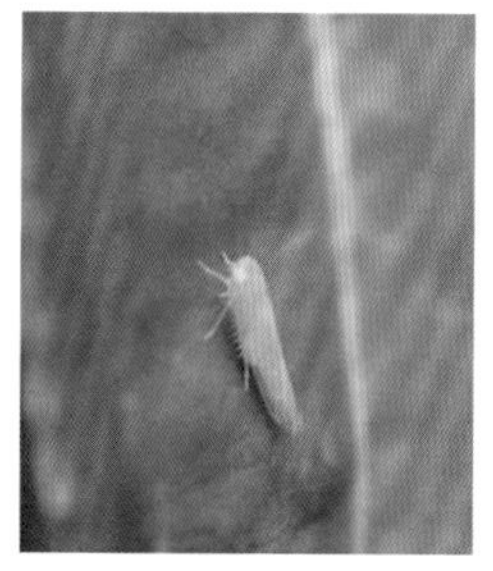
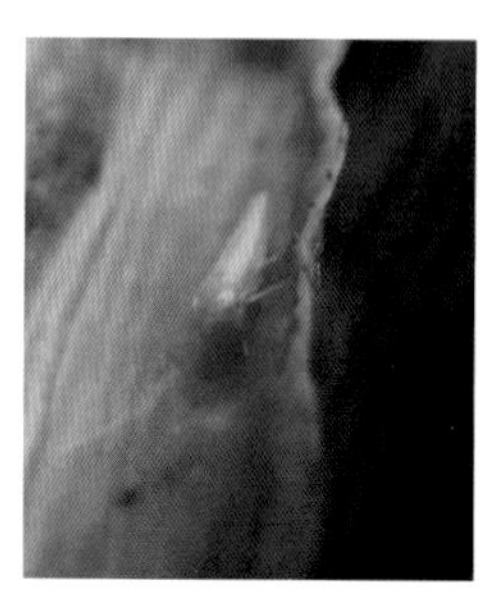
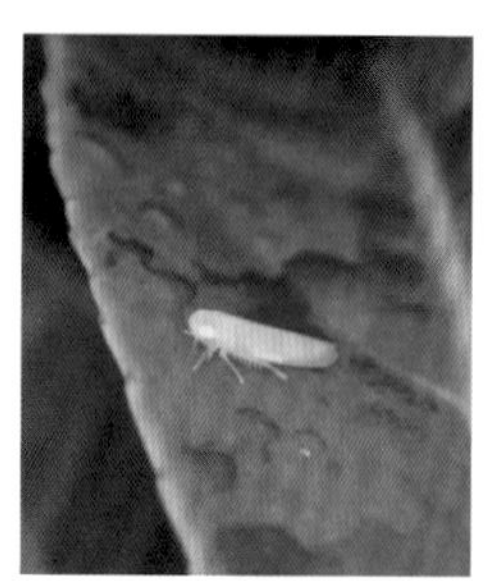

图3-22　小绿叶蝉成虫

3. 分布地区

在南繁区均有分布。

4. 为害症状

通过吸食大豆植株的汁液进行营养摄取，导致大豆叶片出现黄化、卷曲和生长受阻的症状。严重时，叶片会干枯，甚至导致整株大豆死亡。此外，小绿叶蝉还可能传播病毒和其他病原体，加剧对大豆的为害。

5. 生物学特性

小绿叶蝉有趋嫩特性，雌雄异型，雌性成虫体型比雄性成虫大，体色相对更深，寿命更长。主要依赖视觉和嗅觉远程定位宿主，其中视觉占主导作用。成虫和若虫均不喜强光，怕湿，多栖息在茶丛叶层中上部，在雨天和早晨露水未干时不活动，太阳出来后逐渐向篷外转移，躲在嫩叶背面或叶芽取食，中午烈日直射，活动减弱并向茶丛内转移，晚上栖息于茶树枝条下。

6. 防治措施

（1）农业防治。及时清除田间杂草，减少小绿叶蝉的寄生源；轮作和深翻土壤，打断小绿叶蝉的生活周期。

（2）物理防治。使用防虫网覆盖大豆作物，减少小绿叶蝉侵害的机会。

（3）生物防治。利用小绿叶蝉的天敌，如捕食性昆虫或寄生性昆虫，控制小绿叶蝉数量。

（4）化学防治。在小绿叶蝉高发季节，可以合理使用杀虫剂喷洒。但需注意药剂的选择和使用时机，以减少对环境和非靶标生物的影响。

参考文献

杨子银，吴淑华，宰大川，2022. 茶小绿叶蝉侵害对茶树生长和茶叶品质影响的研究进展[J]. 茶叶通讯，49（1）：1-11.

八、斑须蝽

1. 分类地位

斑须蝽（*Dolycoris baccarum*）属半翅目（Hemiptera）蝽科（Pentatomidae）蝽亚科（Pentatominae），是多种农作物的害虫。

2. 形态特征

卵：圆筒形，长约1mm、宽约0.75mm，初产为浅黄色，后逐渐变为灰黄色。卵外表有网纹，覆盖有白色短绒毛。排列整齐，呈块状。

若虫：外表与成虫相似，略椭圆形，为暗灰褐色或黄色。触角4节，黄黑相间。腹部黄色，背面中央自第2节向后均有一黑色纵斑，各节侧喙均有一黑斑。腹部每节背面中央和两侧都有黑色斑（图3-23）。

图3-23　斑须蝽若虫

成虫：体长8～13.5mm、宽5.5～6.5mm。复眼红褐色。触角5节，黑色，第2～5节基部黄白色，形成黄色相间。外表呈黄褐色或紫色，腹部边缘和触角黑白相间，体表覆盖有白色绒毛。喙细长，小盾片末端钝而光滑，呈现黄白色。胸腹部淡褐色，散布零星小黑点（李丽等，2010）（图3-24）。

图3-24　斑须蝽成虫

3. 分布地区

在南繁区均有分布。

4. 为害症状

斑须蝽属广食性害虫，主要为害大豆、棉花、小麦、烟草等多种植物，分布广泛。成虫和若虫吸食植物幼嫩部位的汁液，致落花、落果、叶片卷曲、嫩茎凋萎、植株生长发育受阻、籽粒不饱满，影响产量。

5. 生物学特性

成虫具有明显的喜温性，在春季阳光充足、温度较高时，活动频繁。成虫仅在晴天无风的中午前后活动，早晨或傍晚潜藏在植株下部。有群聚性、弱趋光性和假死性。成虫白天交配，交配后3d左右开始产卵，产卵多在白天，以上午产卵较多。多将卵产在植物上部叶片正面或花蕾或果实的包片上，呈多行整齐排列。成虫需吸食补充营养才能产卵，即吸食植物嫩茎、嫩芽、顶梢汁液，故产卵前期是为害的重要阶段（董慈祥等，2003）。

6. 防治措施

（1）农业防治。可在成虫产卵盛期，人工摘除卵块或尚未迁徙的幼虫；利用成虫的假死性，在成虫为害严重时，使劲晃动植株，使虫落地蜷缩，迅速收集杀死（刘华，2020）。

（2）物理防治。利用成虫的趋光性，使用黑光灯等诱杀成虫。

（3）生物防治。斑须蝽的天敌主要有华姬猎蝽、中华广肩步行虫、斑须蝽卵蜂、稻蝽小黑卵蜂等多种，应加以保护利用，可较明显地控制斑须蝽为害。

（4）化学防治。在若虫1～2龄时，使用20%灭多威乳油1 500倍液、2.5%鱼藤酮乳油1 000倍液、48%乐斯本乳油1 000倍液、2.5%功夫乳油1 000倍液喷洒，效果明显。

参考文献

董慈祥，房巨才，杨青蕊，2003. 斑须蝽生活习性及防治技术 [J]. 华东昆虫学报（2）：110-112.

李丽，赵文，2010. 斑须蝽的发生与防治技术 [J]. 黑龙江科技信息（11）：178.

刘华，2020. 玉米田二星蝽和斑须蝽的发生及防治 [J]. 现代农村科技（2）：45.

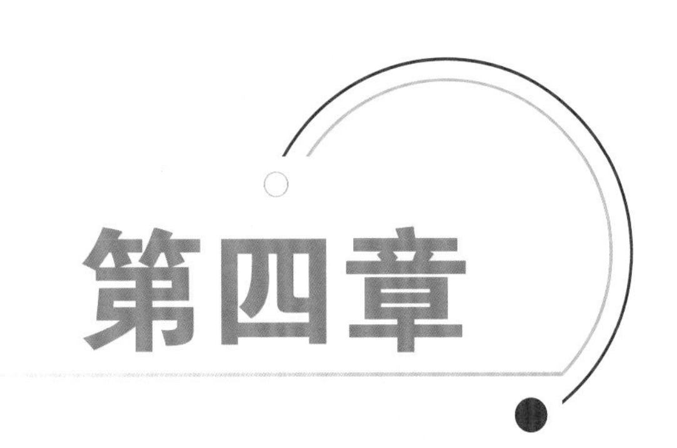

第四章

棉花病虫害

第一节　棉花病害

一、棉花立枯病

1. 病原

病原有性态为瓜亡革菌（*Thanatephorus cucumeris*）属担子菌亚门亡革菌属；无性态为立枯丝核菌（*Rhizoctonia solani*）属半知菌亚门丝核菌属。其有性态仅在高温酷暑、高湿的条件下生成，一般不易发现（钟文等，2012）。

2. 分布地区

在南繁区均有分布。

3. 为害症状

病原菌的寄主范围极广，可为害棉花、大麦、小麦、甜菜、黄麻、红麻、水稻、高粱和马铃薯等200余种植物。棉花播种后，棉籽萌动但还未出土之前，病菌便侵染地下的幼根、幼芽，造成烂种、烂芽。出土后，首先在接近地面幼茎基部出现症状，先呈现黄褐色斑点，后逐渐扩大，凹陷、腐烂，严重的可扩展到茎的四周。侵染后，一般情况下叶片皱缩枯萎，不会表现明显特征，除了个别叶片会表现出黄褐色斑点，最后破裂穿孔；受害棉苗及周围土壤中常有白色的菌丝黏附（图4-1）。

4. 发生规律

适宜的环境、气候条件是影响棉花立枯病的关键因素，其生长需要较高的湿度，在低温多雨的天气棉籽出苗缓慢，易受到病原菌侵染而造成烂种和烂芽，再遇上有寒流阴雨天气时，有利于病害大发生，造成大片幼苗死亡。发病严重情况还与种子质量、播种深度、播期、土壤质地和栽培措施有关。成熟度好、出苗快的种子不易受病原菌侵染，播种过少或过深都会造成出苗延迟，棉苗弱小、抵抗力差，易感病，连作栽培会使土壤中病原菌越来越多，加上地下排水不良，土壤水分过高、通气性差都会造成病原菌的繁殖增生。

图4-1　棉花立枯病为害症状

5. 防治措施

（1）农业防治。在播种前选取成熟度好、籽粒饱满、抗病强、生存力强的种子；秋季深耕时将棉田内部供病原菌越冬的枯枝烂叶一起翻入土壤下层，尽量提早春灌，因为播前灌水会降低温度不利于棉苗生长。播种时不要太深，棉苗迟出土有利于病原菌滋生，合理施肥，精细整地，整地时施足基肥；加强田间管理，留壮苗，拔弱苗、病苗；间苗、定苗时拔下的棉苗应带出棉田集中销毁，避免病原菌间传染。合理轮作，重茬棉田棉苗立枯病发病率高达50%～60%，直接影响了棉花密植匀株，与禾本科作物轮作不仅可以降低棉苗发病率，还有利于促进轮作双高产。

（2）生物防治。乙蒜素、枯草芽孢杆菌、植物免疫增产蛋白均能对棉花苗期立枯病有一定防效作用。80%乙蒜素最佳，100×10^8/g枯草芽孢杆菌次之，24%植物免疫增产蛋白防效较低但有一定的增产效果。

（3）化学防治。在播种前将棉种用硫酸脱绒，以消灭表面的各种病菌，剔除小籽、瘪粒、杂籽及虫蛀籽，再进行晒种48h，以提高种子发芽率及发芽势，增强棉苗抗病力。采用吡虫啉或噻虫嗪进行包衣也可有效防治害虫。在棉苗发病初期喷洒70%百菌清可湿性粉剂600～800倍液，每隔10d防治1次，连续2～3次，或喷洒70%代森锰锌可湿性粉剂400～600倍液，每隔10d防治1次，连续2～3次（刘淑红等，2019）。

参考文献

刘淑红，梁丽鹏，李翠芳，等，2019. 冀中南地区棉花立枯病的发病规律及综合防治技术[J]. 农业科技通讯（8）：340-341

钟文，吕娟，刘强，等，2012. 棉花立枯病的研究 [J]. 农业灾害研究（11）：5-9

二、棉花红腐病

1. 病原

病原为串珠镰刀菌（*Fusarium moniliforme*）属半知菌亚门真菌。有大小两种分生孢子。大型分生孢子镰刀形，直或略弯，无色，多数3～5个隔膜；小型分生孢子近卵圆形，无色，多数单胞，串生或假头生。病菌最适生长温度为20～25℃，分生孢子萌发最适温度为20～25℃，湿度86%以上。

2. 分布地区

在南繁区均有发生。

3. 为害症状

幼芽出土前受害可造成烂芽，幼茎染病导管变为暗褐色，近地面的幼茎基部出现黄色条斑，后变褐腐烂，土面以下的幼茎、幼根肿胀。子叶、真叶边缘产生灰红色不规则斑，湿度大时全叶变褐湿腐，表面产生粉红色霉层（郭艳等，2009）。棉铃染病后初生无定形病斑，初呈墨绿色，水渍状，遇潮湿天气或连阴雨时病情扩展迅速，遍及全铃，产生粉红色或浅红色霉层，病铃不能正常开裂，棉纤维腐烂成僵瓣状。种子发病后，发芽率降低，成株茎基部偶有发病，产生环状或局部褐色病斑，皮层腐烂，木质部呈黄褐色（图4-2）。

图4-2　棉花红腐病为害症状

4. 发生规律

红腐病的发生与气象条件关系密切，可以在3～37℃温度范围内生长活动，最适20～25℃，病菌在10～30℃条件下均能产孢，35℃以上不能产孢，以20～25℃条件下病菌产孢量最大。潜育期3～10d，其长短因环境条件而异，高温和高湿有利于该病的流行和蔓延，生长最适pH值为7～9，且病菌在碱性环境下比酸性环境下生长良好；日照少、雨量大、雨日多可造成大流行。苗期低温、高湿，发病较重。铃期多雨低温、湿度大也易发病。棉株贪青徒长或棉铃受病虫为害、机械伤口多，病菌容易侵入发病重。棉铃开裂期气候干燥，发病轻。

5. 防治措施

（1）农业防治。选取无病棉种或优势种，及时清除田园内的枯枝烂叶、烂铃等，把可供病残体越冬的落叶集中烧毁，阻断病菌源头；适时播种，加强苗期管理，对棉田进行管理时避免造成伤口，阻隔传播途径。

（2）生物防治。乙蒜素、枯草芽孢杆菌、植物免疫增产蛋白均能对棉花红腐病有一定防效作用；80%乙蒜素最佳，100×10^8/g枯草芽孢杆菌次之，24%植物免疫增产蛋白防效较低但有一定的增产效果。

（3）化学防治。①种子处理。种子处理是预防苗期红腐病的有效措施，可用50%多菌灵可湿性粉剂按种子重量的0.5%拌种；5%敌磺钠可湿性粉剂500g/100kg种子；40%拌种双可湿性粉剂200g/100kg种子；40%拌・福可湿性粉剂200g/100kg种子。②苗期、铃期发病初期，及时喷洒65%代森锌可湿性粉剂500～800倍液+50%甲基硫菌灵可湿性粉剂800倍液，或80%代森锰锌可湿性粉剂700～800倍液+50%多菌灵可湿性粉剂800～1 000倍液，或50%苯菌灵可湿性粉剂1 500倍液，间隔7～10d喷1次，连续喷2～3次（孙劲松，2010）。

参考文献

郭艳，潘月敏，高智谋，等，2009. 蒿属植物提取物对棉花枯萎病菌和红腐病菌的抑制活性研究 [J]. 中国农学通报，25（12）：206-210.

孙劲松，2010. 棉花病害防治技术 [J]. 安徽农学通报（下半月刊），16（14）：131-132.

三、棉花疫病

1. 病原

病原为苎麻疫霉（*Phytophthora boehmeriae*），属鞭毛菌亚门。菌丝无色无分隔，老熟菌丝有分隔，直径3.05～4.75μm。孢子囊卵圆形或柠檬形，初无色，后黄褐色。游动孢子球形，直径约9.3μm。藏卵器淡黄色，成熟后为黄褐色，球形。雄器附于藏卵器底部，基生；卵孢子球形，厚垣孢子淡黄色至黄褐色，球形，薄壁；该病菌存在着致病力分化现象（李英和钟文，2015）。

2. 分布地区

在南繁区均有分布。

3. 为害症状

苗期发病，根部及茎基部初呈红褐色条纹状，后病斑绕茎一周，根及茎基部坏死，引起幼苗枯死。子叶及幼嫩真叶受害，病斑多从叶缘开始发生，初呈暗绿色水渍状小斑，后逐渐扩大成墨绿色不规则水渍状病斑。在低温高湿条件下迅速扩展，可延及顶芽及幼嫩心叶，变黑枯死；在天晴干燥时，叶部病斑呈失水褪绿状，中央灰褐色，最后呈不规则形枯斑。叶部发病，子叶易脱落。铃期发病，在棉株中下部果枝的棉铃上发生，多雨天气也能高达上部果枝的棉铃。病害多从棉铃苞叶下的果面、铃缝及铃尖等部位开始发生。初生淡褐色、淡青色至青黑色水浸状病斑，病斑不软腐，湿度大时病害扩展很快，整个棉铃变为有光亮的青绿色至黑褐色病铃。多雨潮湿时，棉铃表面可见一层稀薄白色霜霉状物，即病菌的孢囊梗和孢子囊。发生疫病的棉铃很快会诱发其他铃病，使病铃表面呈现红、黄、灰、黑等不同颜色，掩盖了疫病的症状。尚未发育成熟的青铃发病，易腐烂或脱落，有的成为僵铃。疫病发生晚者虽铃壳变黑，但内部籽棉洁白，及时采摘剥晒或天气转晴仍能自然吐絮（图4-3）。

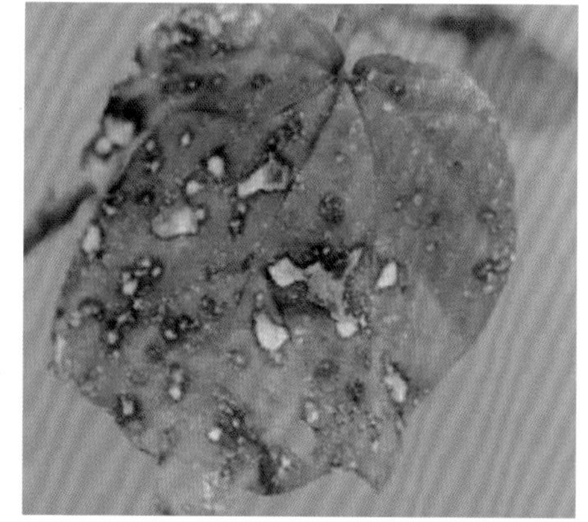

图4-3 棉花疫病为害症状

4. 发生规律

棉花疫病的发生流行与气候、虫害情况、寄主抗性、栽培管理等情况相关。多雨年份棉花疫病发生严重。在温度15～30℃，相对湿度30%～100%条件下都能发病，最适温度为24～27℃，但多雨高湿是发病的关键因素。铃期多雨，发病重。地势低洼，土质黏重，棉田潮湿郁蔽，棉株伤口多，果枝节位低，后期偏施氮肥，发病重。

5. 防治措施

（1）农业防治。及时清洁田园，以减少初始菌源量，实行轮作，深沟高畦加强排水，土面撒施草木灰等，以减湿防寒，培育壮苗。加强棉田栽培管理，增强棉田通风、透光能力，降低田间土壤表层湿度，及时去掉空枝，抹赘芽，打老叶；雨后及时开沟排水，中耕松土，合理密植，及时清除病苗和病铃，带出田间妥善处理。减少农事操作对棉苗、棉铃造成的损伤，及时治虫防病，减少病菌从伤口侵入的机会。

（2）化学防治。发病初期喷70%代森锰锌可湿性粉剂400～500倍液，或25%甲霜灵可湿性粉250～500倍液，或58%甲霜灵·锰锌可湿性粉剂700倍液；铃期喷1∶1∶200倍式波尔多液，或64%杀毒矾可湿性粉剂600倍液，或50%福美双可湿性粉剂500倍液。隔10d喷1次，连续2～3次（李英和钟文，2015）。

参考文献

李英，钟文，2015. 棉花疫病和灰霉病的发生规律与防治措施 [J]. 农业灾害研究，5（4）：1-2，11.

四、棉花褐斑病

1. 病原

病原为棉小叶点霉（*Phyllosticta gossypina*）和马尔科夫叶点霉（*Phyllosticta malkoffii*），均属半知菌亚门真菌。两菌分生孢子器均埋生在叶片组织内。分生孢子球形黄褐色，顶端孔口深褐色。

2. 分布地区

在南繁区均有分布。

3. 为害症状

可为害叶片，在棉花的苗期和后期都可发生，但主要为害棉苗，在棉苗发病初期，子叶发病，初生针尖大小紫红色斑点，天气潮湿时，病斑扩大成中间黄褐色、边缘紫褐色稍隆起的圆形至不规则形病斑，表面散生小黑点，即病菌的分生孢子器，病斑容易破碎或穿孔。受害严重时，子叶早落，棉苗枯死。褐斑病病菌不侵害茎部和生长点，病株仍能抽生真叶。真叶发病，初生针尖大小的紫色小点，后扩大成中间黄褐色至灰褐色、边缘紫红色的圆形病斑。病斑质脆易穿孔，严重时能引起落叶（图4-4）（黎鸿慧等，2013）。

图4-4　棉花褐斑病为害症状

4. 发生规律

棉花褐斑病的发生与气候条件关系很大，此外与棉田的栽培制度、棉苗质量等有关。春季多雨，低温的年份是棉花褐斑病的重病年份。因为棉苗遇到低温高湿的天气，生长瘦弱、抗病能力减弱，有利于病菌的传播侵入。套种棉田的发病率高于不套种的棉田，这是由于套种的棉田田间小气候湿度大、光照少、通风透光条件差，有利棉花褐斑病菌的为害。此外，棉田套种的作物种类不同对棉苗的发病程度也有影响，套种蚕豆的棉田病害明显的重于套种麦类作物的。不同棉花品种的发病也有很大区别，一般陆地棉发病率多高于中棉类型的品种。采用塑料薄膜覆盖的苗床，如果在通风炼苗时或者遭遇寒潮袭击时因覆盖不及时造成棉苗冻害的田块，棉花褐斑病也会加重（黎鸿慧等，2013）。

5. 防治措施

（1）农业防治。选用抗病品种、优质棉种，硫酸脱绒消灭棉种表面病菌，晒种30～60h，提高种子发芽率和发芽势，增强棉苗抗病力。合理轮作，清除病残体，减少真菌越冬环境。在棉花播种前，选用腐熟有机肥或生物有机肥作底肥，增施磷、钾肥，精细整地，造足底墒。适期播种。棉苗出土后，及时中耕松土，增温透气，以促进发根壮苗，减小发病的可能性。

（2）化学防治。①种子处理。用种子量0.65%的50%多菌灵可湿性粉剂，或40%拌种灵·福美双可湿性粉剂拌种，提高种子的抗病性。②棉苗出土后，遇到寒流侵袭，气温由20℃猛降至10℃，且有连阴雨3d以上时，在寒流来临前用50%甲基硫菌灵、50%多菌灵、65%代森锌或70%百菌清600倍液喷施，并可与杀虫剂配合，病虫兼治。对已开始发生病害的棉田，用50%多菌灵、65%代森锌或50%退菌特500～800倍液喷雾防治。每5～7d喷 1 次，连喷3次，可有效减轻和控制病害的发生和蔓延（黎鸿慧等，2013）。

参考文献

黎鸿慧，王兆晓，赵贵元，等，2013. 棉花黑斑病和棉花褐斑病的区分与防治 [C] //中国棉花学会2013年年会论文集：335-336.

五、棉花角斑病

1. 病原

病原为油菜黄单胞菌锦葵致病变种（*Xanthomonas campestris* pv.*malvacearum*），也称棉角斑病黄单胞菌。菌体短杆状，两端钝圆，具1～3根单极生鞭毛，有荚膜，大小为（1.2～2.4）μm×（0.4～0.6）μm；革兰氏染色反应阴性。在马铃薯蔗糖琼脂培养基上形成淡黄色、圆形、有光泽、边缘整齐的菌落。病菌发育最适温度为24～28℃，最高为38℃，最低为10℃。病菌在休眠阶段抵抗不良环境的能力很强，干燥条件下能耐80℃的高温和-28℃的低温，在染病的棉絮上，72℃的高温下可保持生活力36h；但在生育活动情况下抵抗力不强，该菌的纯培养对光线很敏感，在强烈的日光下暴晒15min，大部分菌体死亡，在40℃的高温或0℃以下的低温也很容易死亡。病菌耐酸碱度的pH值范围为6.1～9.3，最适pH值为6.8。该病菌的寄生专化性很强，寄主范围除棉花外，仅在秋葵和黄蜀葵上偶有发生。病菌还存在生理分化现象，在中国以外已鉴定出18个生理小种。

2. 分布地区

在南繁区均有分布。

3. 为害症状

棉花整个生育期均可发病。棉苗出土前发病，引起烂籽、烂芽，不能出苗。苗期子叶发病，出现深绿色小圆点，后变成油渍状斑点，最后扩大成圆形或不规则形黑褐色病斑，严重的子叶枯死脱落。病菌能从子叶叶柄蔓延到幼茎，初呈油渍状斑点，后变黑褐色，病斑逐渐扩大，绕茎一周。后病斑部分腐烂，收缩变细，棉株向一边弯曲（张金岭，2013）。

成株期叶片发病叶背先产生深绿色小点，后迅速扩大呈油渍状斑点。此时在叶片正面也显现病斑，因病斑扩展受到周围叶脉的限制，故呈多角形或不规则的病斑；有时病斑沿主脉发展，呈黑褐色条斑，病叶皱缩扭曲。叶片上病斑多时，棉叶萎垂和脱落。棉株矮小，生长停滞，如将病叶移至光线下透视，状似油纸，如蜡浸；茎秆发病，出现水浸状黑色病斑。发病轻者，伤痕逐渐愈合，发病重者，部分棉株死亡。有的虽暂存活，但发病部位变细，生长后期常因花蕾和叶片增多、风吹等折断倒伏。

棉铃发病，初生深绿色小点，后扩展成近圆形油渍状病斑，多个病斑可融合成不规则形病斑，最后病部呈褐色至红褐色而凹陷。幼铃受害常引起其他病菌入侵，引起棉铃腐烂、脱落；成铃受害，部分心室腐烂，纤维略现黄色。病斑可蔓延到铃柄，引起蕾铃脱落。如遇高温、高湿环境，发病条件适宜，病部均能分泌出乳白色黏液状的“菌脓”，分泌物干后，形成一层淡灰色薄膜（图4-5）。

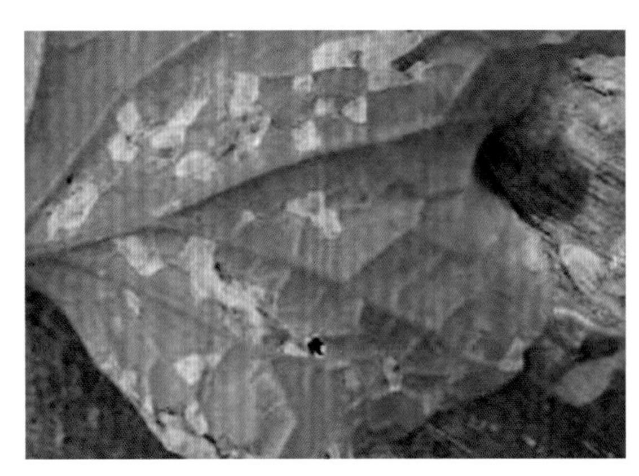

图4-5　棉花角斑病为害症状

4. 发生规律

棉花角斑病的发生和温湿度有密切关系，高温高湿发病重，苗期土温为10～15℃时，幼苗不发病或发病很轻，当土温达到16～20℃时，发病较多，而在21～28℃时，发病最烈，土温超过30℃时发病又减少。土壤湿度（含水量）达40%时，病害发生严重。在棉花生长期，旬平均气温高于26℃，大气相对湿度85%以上，病害呈直线上升趋势，有利于病害的流行。一般现蕾以后，降雨越多，尤其是暴风雨，病情发展越快。在新疆灌溉棉区，灌水后田间湿度加大，有利于病菌的侵染和扩散，灌水次数多且量大，则发病严重。一般在7—8月病害易流行。连作越久，发病也越重，轻壤土发病率高于重壤土，大风侵袭时，沙粒飞扬打伤棉苗，利于病菌侵入；虫害、暴风雨及机械等造成伤口多，病重；过度密植，使植株柔嫩或徒长，田间湿度增大，则病害加重。

5. 防治措施

（1）农业防治。选用抗病品种提高抗病性，棉种消毒，可进行硫酸脱绒、温汤浸种、拌药。先用55～60℃的温水浸种0.5h后捞出晾干，再用种子重量1/10的敌克松、草木灰（敌克松与草木灰的比为1：20）拌种或用种子重量1/20的20%三氯酚酮可湿性粉剂拌种，随拌随播。雨后及时排除积水，中耕散墒，遇旱浇水时注意不要大水漫灌，同时注意施肥要合理搭配，不要过量使用尿素等氮肥。把棉田中的残枝、落叶等及时清除田外，并集中销毁或深埋，阻断越冬病原体。

（2）化学防治。发病田块可用720g/L农用链霉素1 500～2 000倍液，并选择加配50%多菌灵2g/L，或70%甲基硫菌灵1.25g/L，或25%络氨铜2g/L，或65%代森锌1.75g/L药液喷雾防治。为促进植株健壮生长，可同时加配质量好的叶面肥、植物生长促进剂（如芸苔素、复硝酚钠、天丰素、硕丰481等），间隔5d左右喷1次，连续喷2～3次（葛春远，2009）。

参考文献

葛春远，2009. 棉花角斑病的发生与防治 [J]. 农村科技（10）：24.

张金岭，2013. 棉花主要病害的发生特点及防治措施 [J]. 现代农业科技（18）：130-131.

六、棉花根结线虫病

1. 病原

病原为南方根结线虫（*Meloidogyne incognita*），该虫种群会阴花纹的主要特征较一致，主要表现在整体呈椭圆形或方形，背弓顶部圆或平，有时呈梯形，背纹紧密，背面和侧面的花纹从波浪形至锯齿形，有时平滑（符美英等，2015）。

2. 分布地区

在南繁区均有分布。

3. 为害症状

发病初期，地上部症状不甚明显，随着根结线虫侵染为害的加剧，地上部病状逐渐显现出来，而且叶色发黄，花铃既少且小。棉花播种一个月后，根上产生不规则的根结，根结是因侵入根内根结线虫的刺激，致棉花根的细胞不断分裂、体积不断增大。根结的大小与棉花品种感病性及侵入线虫数量有关。新根上根结单个或呈念珠状串生，须根稀疏；老根重复侵染，形成较大的不规则瘤状突起，初期呈白色，后期变黑，腐烂，易脱落，裸露出白色的木质部。在显微镜下，剥开根结或瘤状突起，可见白色、球形或洋梨形根结线虫雌虫，或有线形雄虫或幼虫从根部游离出来。在线虫侵染的根结处，致维管束中断，影响水分和养分的吸取及输送，造成叶片变黄、植株矮化，并易招致一些土壤病原菌的侵染，气温高时，病株易萎蔫（符美英等，2015）（图4-6）。

图4-6 棉花根结线虫病为害症状

4. 发生规律

病原线虫每年发生不完全的5代，世代重叠明显。每代历期25～30d。在棉花整个生长期中，病原线虫的卵和幼虫可出现5个高峰。卵和幼虫的发生量在6月和7月中旬前后达到最大值，7月上旬在每厘米长的根样中幼虫数量可达160条左右（还进等，1986）。

5. 防治措施

（1）农业防治。深耕晒垡，反复犁耙，暴晒土壤。及时烧毁残枝，彻底清除病残体。增施有机肥，减少化肥，适时灌溉。实行轮作。

（2）物理防治。选用无病种子，播种前用50～60℃的温水浸种10min，可杀死大多数根结线虫。

（3）生物防治。目前使用较多的有穿刺巴斯德杆菌和淡紫拟青霉。

（4）化学防治。棉花播种前可用熏蒸性药剂进行土壤熏蒸，如10%噻唑膦颗粒剂、0.5%阿维菌素颗粒剂或5%丁硫克百威颗粒剂对种植穴土壤进行消毒，也可按45kg/hm^{2}的剂量用35%威百亩水剂兑水300kg沟施和覆土，并用地膜覆盖熏蒸7d后，翻土释放毒气后方可播种。在棉花生长过程中，如发现有根结线虫病为害时，可以选用低毒、高效杀线虫剂防治，施药次数视线虫虫口密度而定，如可用噻唑膦颗粒剂、地虫克颗粒剂、好年冬颗粒剂、阿维菌素乳油或菌线威可湿性粉剂等进行沟施或灌根。沟施时可在沟里撒上10%噻唑膦颗粒剂30kg/hm^2，然后覆土。灌根时可选用1.8%阿维菌素乳油1 500倍液灌根或1.5%菌线威可湿性粉剂4 000～6 000倍液灌根即可（符美英等，2015）。

参考文献

符美英，芮凯，符尚娇，等，2015. 海南岛南繁区棉花根结线虫病发生情况调查及综合防治 [J]. 热带农业科学，35（8）：69-73.

还进，戎文治，申屠广仁，1986. 棉花根结线虫病病原生物学研究 [J]. 浙江农业大学学报（4）：29-35.

第二节　棉花虫害

一、棉铃虫

1. 分类地位

棉铃虫（*Helicoverpa armigera*）属鳞翅目（Lepidoptera）夜蛾科（Noctuidae）钻蛀性害虫，又名棉铃实夜蛾，为害棉花，可为害樱桃番茄、黄秋葵、结球莴苣、皱叶甘蓝、抱子甘蓝、甜瓜、扁豆、荷兰豆、甜豌豆、甜玉米、菜用大豆等多种蔬菜（王迪轩，2016）。该虫在我国各地均有分布，杂食性，寄主植物有20多科200余种（李冬梅等，2018）。

2. 形态特征

卵：卵为半球形，约0.5mm，乳白色，顶部微隆起，表面布满纵横纹。

幼虫：幼虫共有6龄，有时5龄，老熟6龄幼虫长30～42mm，头黄褐色、有不明显的斑纹，幼虫体色多变，常见为绿色型及红褐色型。气门上方有一褐色纵带，是由尖锐微刺排列而成。幼虫腹部第1、第2、第5节各有2个毛突特别明显（图4-7）。

图4-7　棉铃虫幼虫

蛹：长17～20mm，纺锤形，赤褐色至黑褐色，腹末有一对臀刺，刺的基部分开。气门较大，围孔片呈筒状，突起较高，腹部第5～7节的点刻半圆形，较粗而稀。

成虫：体长大约为1.5cm（头胸部），翅展可达3～4cm。成虫具有棕色或浅黄色的基调，前翅带有深色波状横纹和一个小的暗色斑点，后翅则相对较淡，通常为浅黄色或白色，并有一个暗色边缘。雄虫比雌虫略小，翅膀较窄，触角呈羽毛状结构；雌虫的体型更为丰满，触角呈丝状。成虫活跃于夜间，白天则隐蔽于植物上（图4-8）。

图4-8 棉铃虫成虫

3. 分布地区

在南繁区均有分布。

4. 为害症状

棉铃虫是棉花的重要害虫，初孵的小幼虫在叶背脉间取食，导致叶片出现“窗孔”状损伤。但随着其成长，主要的为害转移到果铃上，大幼虫钻入果铃内部进行啃食，这不仅使果铃内部受损、脱落或停止生长，还可能使果铃外部留有类似锯末的排泄物。这种为害导致棉花的产量和质量大幅降低，严重时会影响棉花的开花和结果。

5. 生物学特性

成虫白天隐藏在叶背等处，黄昏开始活动，取食花蜜，有趋光性。成虫羽化后即在夜间交配产卵，卵散产，较分散；卵多产在叶背面，也有产在正面、顶芯、叶柄、嫩茎上或杂草等其他植物上。幼虫孵化后有取食卵壳习性，初孵幼虫有群集限食习性，1～2龄幼虫沿柄下行至顶芽处自一侧蛀食或沿顶芽处下蛀入嫩枝，造成顶梢或顶部簇生叶死亡，为害十分严重。3龄前的幼虫食量较少，较集中，随着幼虫生长而逐渐分散，进入4龄食量大增，可食光叶片，只剩叶柄（蔡江文等，2018）。

6. 防治措施

（1）农业措施。①秋耕冬灌、铲梗除蛹、改变现有的耕作制度。破坏棉铃虫的蛹室越冬环境，降低棉铃虫的越冬基数。在2—3月，全面开展铲埂除蛹活动；7—8月对棉田埂边及林带的虫蛹进行铲除。②加大有机肥投入。在秋耕后或春灌前施入有机肥，促使作物稳健生长，增强抵御虫害的能力。③种植抗虫品种。种植抗虫棉品种，可有效降低棉铃虫为害。

（2）物理防治。①种植玉米诱集带。利用棉铃虫喜欢在玉米上栖息、产卵的特性，种植玉米抽雄与棉花开花相一致的品种，利用玉米诱集的作用，使棉铃虫成虫集中产卵，便于及时捕蛾灭卵，减少棉田棉铃虫虫口基数。②摆放杨树枝把等诱捕棉铃虫。利用棉铃虫成虫对杨树枝把、苦豆把及性诱剂的趋味性诱蛾，诱捕效果非常明显。注意，诱蛾把每星期需更换1次，并于每天早晨进行捕杀。③灯光诱杀。利用棉铃虫的趋光性，在棉田边安装高压汞灯或频振杀虫灯诱捕成虫。通过调查。落卵量可降低30%左右。

（3）生物防治。①生物制剂。生物制剂防治棉铃虫对人类安全，不污染环境，不易使棉铃虫产生抗药性，但受环境影响较大，需根据气候、虫情与其他措施配套运用。在棉铃虫盛卵期至孵化高峰期交替使用效果较好。②改善生态环境。在饲料地、两用地、空旷林带上种植玉米、苜蓿等，可起到养益的作用，以此优化生态环境，保护天敌，发挥以草养益、以害养益、以益控害的作用。

（4）化学防治。系统调查，准确测报，对达到防治指标的棉田应及时施药防治。防治指标为：1代棉铃虫，当棉田百株有虫0.5头时，用虫敌60～70g/亩等喷雾防治；2代棉铃虫发生时，也是天敌发生高峰期，此时百株卵量在10～15粒或百株1、2龄幼虫0.5头时采用Bt或科云NPV等生物制剂进行防治；3代棉铃虫，当百株卵量在25～35粒或百株1、2龄幼虫达1头时，选用对天敌较安全的Bt、科云NPV制剂进行防治。防治棉铃虫时，为防止棉铃虫产生抗药性，要交替用药，确保防治质量。

参考文献

蔡江文，陈祥军，2018. 海南省乐东县南繁玉米蛀果害虫防治技术 [J]. 中国热带农业，83（4）：52-53.

李冬梅，陈蓉，2018. 棉铃虫发生为害特点及防治措施 [J]. 农业科技通讯（4）：270-271.

王迪轩，2016. 棉铃虫的识别与综合防治 [J]. 科学种养（5）：35-36.

席宗豫，2012. 浅谈棉铃虫发生的原因及综合防治措施 [J]. 新疆农垦科技，35（5）：18-19.

二、棉　蚜

1. 分类地位

棉蚜（*Aphis gossypii*）属半翅目（Hemiptera）蚜科（Aphididae），是一种世界性害虫，主要通过取食植物汁液和传播病毒给农业生产造成严重损失（梁彦等，2013）。棉蚜是棉田主要的刺吸类害虫之一，它通过直接刺吸棉株汁液导致被害植株衰弱，若虫、成虫分泌的蜜露则影响棉花正常的光合作用和生理作用，污染棉花纤维和诱发霉菌寄生，给棉花生产带来严重的影响（陆宴辉等，2004）。棉蚜寄主范围广泛，据记载有116科900多种。棉蚜具有孤雌生殖和两性生殖两种方式，在北方陆地、保护地和南方亚热带地区孤雌生殖是主要的繁殖方式，在寒冷季节和地区，可以迁飞至木槿、花椒等越冬寄主上进行繁殖。

2. 形态特征

卵长0.5mm，椭圆形，初产时橙黄色，后变漆黑色，有光泽（王祥忠，2011）。

干母体长1.6mm，茶褐色，触角5节，无翅。无翅胎生雌蚜体长1.5～1.9mm，体色有黄、青、深绿、暗绿等色。复眼暗红色。腹管较短，呈黑青色。体表覆白蜡粉。有翅胎生雌蚜大小与无翅胎生雌蚜相近，体黄色、浅绿色至深绿色。触角较体短，头胸部黑色，两对翅透明，中脉3岔（图4-9）。

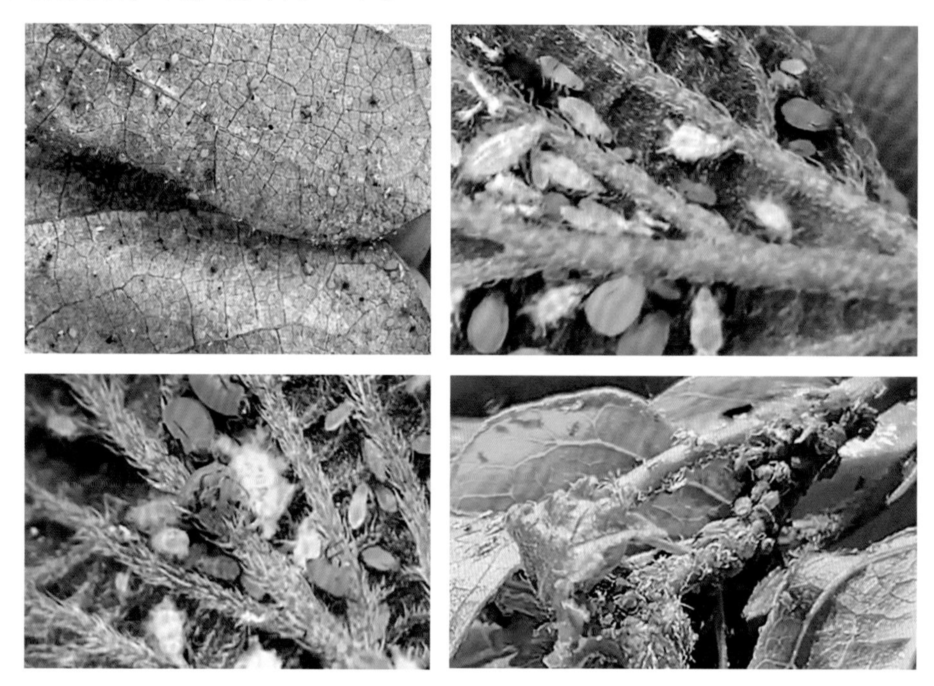

图4-9　棉蚜成蚜

3. 分布地区

在南繁区均有分布。

4. 为害症状

成、若蚜吸食叶片或嫩头汁液，干扰棉花正常的新陈代谢。苗期受害，造成棉叶卷缩，开花结铃期推迟；蕾铃期受害，易落蕾。棉蚜大量聚集在叶背面，排泄的“蜜露”覆盖在茎叶和嫩头表面，形成“油光”叶，阻碍棉花正常呼吸，并诱发霉菌生长，影响光合作用。而蜜露还招引蚂蚁取食，影响蚜虫天敌的活动。在吐絮期，“蜜露”还会污染棉絮，使棉纤维品质下降（龚义彬，2014）。

5. 生物学特性

蚜虫具有有翅的和无翅的两种形态。有翅的雌蚜可以飞行，并在棉花和其他植物上产生新的蚜虫，包括有翅的和无翅的雌蚜。这些蚜虫会在植物上生长和繁殖。当气温降低到秋天末期，旧的植物开始衰老，蚜虫就需要找新的植物。这时，有翅的雌蚜会飞到新的越冬植物上，然后产生有翅的雄蚜和无翅的雌蚜。这些蚜虫会交配，雌蚜会产卵，等待新的生命周期开始。

棉蚜在棉田按季节可分为苗蚜和伏蚜。苗蚜发生在出苗到6月底，适应偏低的温度，气温高于27℃繁殖受抑制，虫口迅速降低。伏蚜发生在7月中下旬至8月，适应偏高的温度，27～28℃大量繁殖，当日均温高于30℃时，虫口数量才减退。

棉蚜的繁殖力很强，在早春和晚秋完成一个世代需15～20d，夏季只需4～5d，一头成蚜一天最多可产若蚜18头，平均5头左右，一生可产若蚜60～70头。

棉蚜的扩散主要靠有翅蚜的迁飞，一年约有3次大迁飞。第1次是由越冬寄主迁往棉田；第2次是在棉田内扩散蔓延；第3次是由棉田迁往越冬寄主。

6. 防治措施

（1）农业防治。①冬、春季铲除田边、地头杂草，集中处理可消灭越冬寄主上的蚜虫；实行棉麦套种，或棉田中、地边播种高粱、春玉米、油菜等诱集作物，既可以招引各种天敌较早迁入棉田，又可用少量的农药集中防治棉蚜，诱集作物上的棉蚜应及时治理。②种植抗虫品种，是防治棉花蚜虫的有效措施；有条件的地方实行棉花和水稻轮作，水旱轮作可以减轻虫害的发生。

（2）物理防治。掌握棉蚜迁飞期，在棉蚜迁飞期前在田间设置黄板诱杀成虫可减少成虫数量。

（3）生物防治。天敌较多，起主导作用的是蚜茧蜂、瓢虫、草蛉等，减少用药次数，保护天敌，可在很大程度上减少蚜虫为害。

（4）化学防治。喷洒10%吡虫啉可湿性粉剂、25%吡蚜酮可湿性粉剂、20%好年冬乳油、2%阿维菌素乳油、0.3%印楝素乳剂等药剂，是最直接、最见效的防治手段之一。

参考文献

龚义彬，2014. 棉蚜的鉴别与防治探讨 [J]. 农业灾害研究，4（4）：23-26.
梁彦，张帅，邵振润，等，2013. 棉蚜抗药性及其化学防治 [J]. 植物保护，39（5）：70-80.
陆宴辉，杨益众，印毅，等，2004. 棉花抗蚜性及抗性遗传机制研究进展 [J]. 昆虫知识（4）：291-294.
王祥忠，2011. 棉花常见害虫的识别与防治 [J]. 农技服务，28（7）：988-989.

三、棉叶螨

1. 分类地位

我国为害棉花的叶螨主要是朱砂叶螨（*Teranychus cinnabarinus*）、截形叶螨（*T. truncatus*）、土耳其斯坦叶螨（*T. turkestani*）等，均属蜘蛛纲蜱螨目，常混合发生。

除土耳其斯坦叶螨只分布在新疆棉区外，朱砂叶螨和截形叶螨在国内各棉区均有分布。其种类组成和优势种在各地不尽相同，是棉花生产上的重要害虫。棉叶螨食性杂，除为害棉花外，还可以为害玉米、高粱、豆类、瓜类、芝麻、红麻、茄子、辣椒、烟草、果树、杂草等（王文夕等，1998）。

2. 形态特征

三者在外部形态上不易区别，最主要的鉴别特征是三者雄螨阳具的形状不同（图4-10）。

雌成螨体长0.42～0.55mm、宽0.32mm，椭圆形，体色常随寄主而异，多为锈红色至深红色。体背两侧各有2个褐斑，前1对大的褐斑可以向体末延伸与后面1对小褐斑相连。冬型雌螨橘黄色，体背两侧无褐斑。

雄成螨体长0.26～0.36mm、宽0.19mm，体呈红色或橙红色，头胸部前端近圆形，腹部末端稍尖，卵球形，直径约0.13mm，淡黄色，孵化前锈红色至深红色。

卵初孵的幼螨，体近圆形，长约0.15mm，浅红色，稍透明，足3对。幼螨蜕皮后变为若螨，分为第1若螨和第2若螨。足4对，体椭圆形，体色变深，体侧出现深色斑点。第2若螨仅雌螨具有（胡欣民等，2008）。

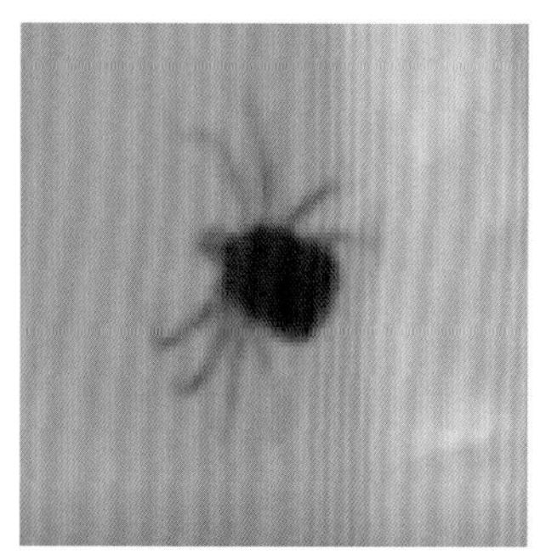
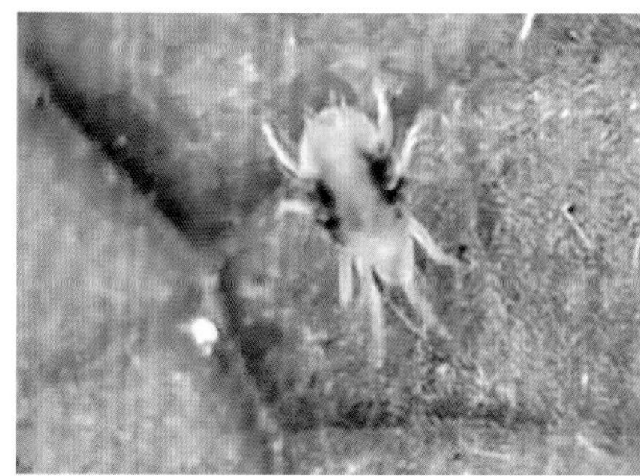
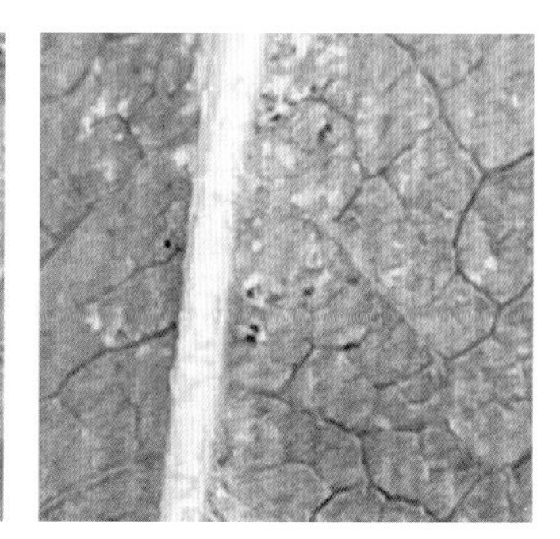

图4-10　棉叶螨

3. 分布地区

在南繁区均有分布。

4. 为害症状

被朱砂叶螨为害的棉花叶面感染点迅速变红，随天气干旱、时间延长红斑面积不断扩大。被截形叶螨为害的棉花，叶片受害后较长时间内显示黄白点，后发展为枯黄斑块枯焦脱落。

5. 生物学特性

第二年春季气温达10℃以上，即开始大量繁殖，先在杂草或其他寄主上取食，后随着作物的生长，陆续迁入到棉田为害。到6月上旬至8月中旬进入棉田盛发期。

成螨羽化后即交配，第2天就可产卵，每雌能产50～110粒，多产于叶背。可孤雌生殖，其后代多为雄性。幼螨和若螨蜕皮2～3次，每次蜕皮前要经过16～19h的静伏，不食不动。蜕皮后即可活动和取食。后期若螨则活泼贪食，有向上爬的习性。其扩散和迁移主要靠爬行、吐丝下垂或借风力传播，也可随水流扩散。在繁殖数量过多，食物不足时常在叶端群集成团，滚落地面，被风刮走，向四周爬行扩散。

6. 防治措施

（1）农业防治。①清除杂草。棉花收获后，及时将枯枝落叶集中烧毁；晚秋、早春清除田间地头及路边杂草，进行秋耕冬灌，消灭越冬虫源。冬、春及生长季节实行空行翻耕，清除棉叶螨桥梁寄主，减少虫源（李继军等，2004）。②合理轮作倒茬。合理轮作、间作、套作，避免连作及与大豆、芝麻、玉米、瓜类等棉叶螨寄主作物间作套种。棉花、玉米间作棉田应及时摘除玉米下部老叶，并带出田外。玉米、豆类作物成熟后抢收离田，以减轻棉叶螨转移为害。③设置田间天敌保护带。早春，选用对天敌安全的农药隔行打保护带；若采用锄草措施时，预留部分离棉田远的草带，给天敌留有一定场所和食料。④加强田间虫情监测。6月是棉叶螨为害高峰期，一般对棉田调查采取5d进行1次，每块固定50株的方法，调查棉株上、中、下3片叶，折算每株虫数，预测预报螨虫发生。⑤加强田间管理。苗期结合田间管理，及时间苗、定苗，拔出带螨棉苗，发现叶片上出现黄白色斑点，立即抹除叶片上的害螨；中后期摘掉中下部螨虫较多的棉叶，带出棉田集中烧毁或沤肥。⑥合理施肥、灌水、促控。适时灌水提高田间湿度，尤其干旱年份要及时进行施肥灌溉，并合理使用氮、磷、钾肥，促进棉株健壮生长。

（2）生物防治。①合理使用生物农药，有效保护害螨天敌。棉叶螨的天敌有30多种，主要有瓢虫、草蛉、蜘蛛、蝽、蓟马等。经饲养发现，七星瓢虫1龄幼虫日食螨量14头，2龄日食螨量27头，3龄日食螨量50头，成虫日食螨量达125头；中华草蛉成虫日食螨量53头。因此，要尽量避免使用广谱性杀虫剂，避开天敌发生高峰期，以减少对天敌的杀伤。②人工释放、保护天敌。人工饲养或种植放养天敌的天然隔离草带，如豆类、苜蓿等进行害螨天敌繁殖和田间释放。对发生棉叶螨的地块实行“点、片”挑治，在田边有选择地打保护带，给天敌提供栖身、猎食之地。田间生物防治主要采用“以螨治螨”技术。主要以捕食螨为主，如胡瓜钝绥螨等益螨。在投放捕食螨前先调查害螨的数量，以害螨中心株为释放点，即在每个中心株上悬挂1袋捕食螨。将捕食螨袋用曲别针固定在棉株主茎上部，在纸袋上端撕开一个小口。释放时以阴天和傍晚释放最佳（雷勇刚，2006）。③开发应用生物制剂。目前开发应用的生物杀螨剂主要有镰刀菌素、刺孢链霉素（MYC5005）、杀螨素和赤霉素、白僵菌、Bt9601菌剂等，对棉叶螨均具有良好防效。

（3）化学防治。根据田间虫情监测，当棉田有螨株率达3%～5%或苗期的红叶率7%～17%、蕾花期的红叶率5%～14%、花铃期的红叶率3%～7%时需进行施药防治。①药剂拌种和土壤施药。把棉种在55～60℃的温水中浸30min，捞出晾至种毛发白。每100kg棉种使用1kg 30%乙酰甲胺磷乳油拌种，或用50%辛硫磷乳油400mL稀释40倍，喷拌在50kg棉种上，闷种12h后播种。或随播种进行沟施或穴施，每公顷用5%涕灭威15～18.75kg，或3%呋喃丹30kg；6月中旬结合追肥在棉叶螨发生较重田块拌土沟施呋喃丹或涕灭威（陈志杰等，1995）。②种衣剂处理。使用高巧和卫福、锐胜和适乐时、吡虫啉和多菌灵、福美双等种衣剂拌种，防治苗病、苗蚜以及兼治苗期蓟马、红蜘蛛，如100kg种子使用70%锐胜湿拌种剂400g和2.5%适乐时悬浮种衣剂200g混合拌种，能达到较好的控制效果。③药液涂茎法。可用50%久效磷乳油或40%氧化乐果乳油1份，加水或0号柴油8～10份，涂在棉花红绿交接处的一侧，涂抹长度2～4cm。操作中应注意不能环涂，防止药液滴在花蕾上。④叶面喷雾。使用阿维菌素、哒螨灵、丙炔螨特（克螨特）、双甲脒、浏阳霉素、甲氰菊酯等药剂进行叶面喷雾。其中阿维菌素、哒螨灵、丙炔螨特对棉叶螨成、若虫均具有优良的杀灭效果，见效快、残效长，对天敌安全，可作为棉田害虫综合防治的首选药剂。

参考文献

陈志杰，张淑莲，张美荣，1995. 防治棉红蜘蛛药剂筛选及使用技术试验 [J]. 西北农业大学学报，23（3）：45-50.

胡欣民，张兆冬，2008. 棉叶螨的发生规律与防治方法 [J]. 农技服务，237（6）：53，72.

雷勇刚，吴新明，2006. 玛纳斯县棉叶螨发生规律及防治技术 [J]. 新疆农垦科技（3）：35-36.

李继军，李红铁，米换房，等，2004. 防治棉叶螨的实践经验 [J]. 中国棉花，31（10）：37-38.

王文夕，李巧丝，1998. 棉叶螨的发生与防治技术研究 [J]. 农药（8）：40.

四、斜纹夜蛾

1. 分类地位

斜纹夜蛾（*Spodoptera litura*）属于鳞翅目（Lepidoptera）夜蛾科（Noctuidae），是一种世界性分布的广食性农业害虫，它取食的植物很广泛，2006年已知有109科389种，可为害棉花，也可为害茄果类、瓜果类、豆类、草莓和十字花科蔬菜（秦厚国等，2006）。由于产卵量大且集中，农作物常常受害严重，造成巨大的经济损失。

2. 形态特征

卵：扁球形，直径0.4～0.5mm，卵表面具网状隆脊（纵脊40条以上）。初产淡绿色，孵化前呈紫黑色。雌虫产卵成堆，叠成3～4层，表面覆盖1层灰黄色鳞毛。

幼虫：幼虫有6龄，不同条件下可减少1龄或增加1～2龄（图4-11）。

1龄幼虫体长达2.5mm，体表淡黄绿色，头及前胸盾黑色，并具暗褐色毛瘤，第1腹节两侧具锈褐色毛瘤。2龄幼虫体长可达8mm，头及前胸盾颜色变浅，第1腹节两侧的锈褐色毛瘤变得更明显。3龄幼虫体长9～20mm，第1腹节两侧的黑斑变大，甚至相连。4～6龄幼虫形态相近。6龄幼虫体长38～51mm，体色多变，常常因寄主、虫口密度等而不同。头部红棕色至黑褐色，中央可见"V"形浅色纹。中、后胸亚背线上各具1小块黄白斑，中胸至腹部第9节在亚背线上各具1个三角形黑斑，其中以腹部第1腹节和第8腹节的黑斑为最大，其余黑斑及第8腹节黑斑可减退或消失。

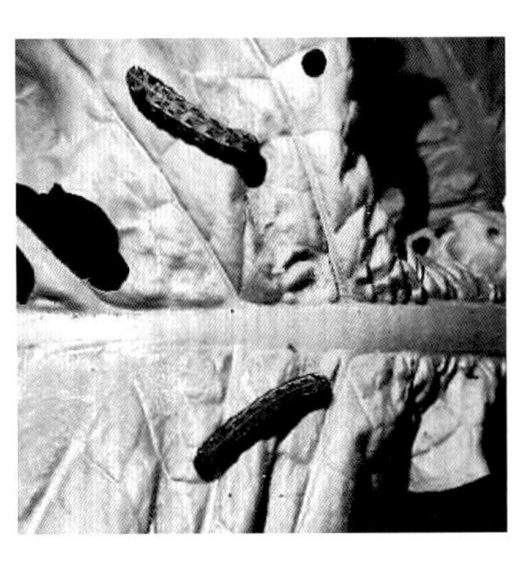

图4-11　斜纹夜蛾幼虫

蛹：体长15～20mm，红褐色至暗褐色；腹部第4～7节背面前缘及第5～7节腹面前缘密布圆形小刻点；气门黑褐色，呈椭圆形，明显隆起；腹末有1对臀刺，基部较粗，向端部逐渐变细。化蛹在茧内，为较薄的丝状茧，其外粘有土粒等（图4-12）。

图4-12　斜纹夜蛾蛹

成虫：翅展33～42mm。体灰褐色。前翅颜色、斑纹有变化，黄褐色至灰黑色，前缘近中部至后缘具1条较宽的灰白色斜纹，雄虫常常更粗大；前翅常有水红色至紫红色闪光。后翅白色，翅脉灰棕色，前缘及外缘略呈烟色（图4-13）。

图4-13　斜纹夜蛾雄性成虫和雌性成虫

3. 分布地区

在南繁区均有分布。

4. 为害症状

斜纹夜蛾初孵幼虫在叶片背面群集啃食叶肉，残留上表皮及叶脉，在叶片上形成不规则的透明斑，呈网纹状。幼虫有假死性，遇到惊扰后，四散爬离，或吐丝下坠落地。

3龄后分散蚕食植物叶片、嫩茎，造成叶片缺刻、孔洞，残缺不堪，甚至将植株吃成光秆，也可取食花蕾、花等。3龄幼虫的食量约占一生的1.89%（空心菜）)和1.90%（甘薯）；4龄起进入食量大增期，其食量约占一生的5.65%（甘薯）和8.95%（空心菜）；5~6龄幼虫进入暴食期，其食量约占整个幼虫期的90%（姚文辉，2005）。在甘蓝、大白菜等蔬菜上，幼虫还可钻入叶球，取食心叶，或蛀食茄果类的果实，且排泄的粪便可引起植株腐烂。有时发生量大，幼虫可持续性为害。在莲藕上为害的幼虫可游水至陆地继续为害或化蛹（虞国跃等，2021）。

5. 生物学特性

（1）群集性。斜纹夜蛾卵量大，初龄幼虫群集在一起，3龄后才明显扩散为害（胡国栋，2003）。

（2）隐蔽性。斜纹夜蛾的卵产在叶背上不易发现，直到孵化为害后，才见到为害状，2龄后期开始吐丝分散为害，有昼伏夜出习性，有的白天潜伏在土缝、老叶、土块等背光处，夜间爬到植株上部取食，有时白天只见被害状和粪便，难见虫体。老熟幼虫在表土下1~3cm处化蛹。

（3）暴食性。低龄幼虫食量小，3龄后食量明显加大，4龄后为暴食期，占整个幼虫期取食量的绝大部分。大量高龄幼虫可在几天内将整株叶片吃尽，造成惨重损失。

（4）假死性。幼虫有假死性，而以3龄后最为突出，一受到惊动，即假死落地。

（5）杂食性。不仅取食棉花、大豆（包括黑皮青仁豆、黑皮黄仁豆），还取食蔬菜、水稻、甜菜等。

（6）暴发性。发生世代多而易重叠，加上卵量大而集中，孵化后分散为害，初期不易察觉，可在短期内出现大量虫源，使防治措手不及。

6. 防治措施

（1）农业防治。种植要合理布局，抑制虫源，尽量避免与斜纹夜蛾嗜好作物（如十字花科）连作。结合田间农事操作，人工摘除卵块及群集的幼虫。

（2）物理防治。利用成虫的趋性，在成虫发生期，用灯光（杀虫灯、黑光灯等）和糖醋液（糖：醋：水=3：1：6，加少量90%晶体敌百虫）诱杀，或者在糖醋液的盆上加挂性诱剂诱杀，效果显著。

（3）生物防治。保护田间众多的自然天敌，或释放天敌，如幼虫期的蠋蝽，卵期的夜蛾黑卵蜂等；用200亿PIB/g斜纹夜蛾核型多角体病毒水分散颗粒剂12 000~15 000倍液喷雾防治幼虫（最好3龄前幼虫，宜晴天的早晚或阴天喷雾）；水盆（或糖醋液盆）上悬挂斜纹夜蛾性诱剂诱杀雄蛾。

（4）化学防治。可用5%虱螨脲乳油1 000~1 500倍液、5%氟啶脲乳油2 000倍液、20%除虫脲乳油2 000倍液或2.5%高效氯氟氰菊酯乳油2 000~3 000倍液喷雾防治幼虫，且在3龄幼虫之前防治效果最佳。使用时须严格按照农药的说明执行。

参考文献

胡国栋，2003. 斜纹夜蛾生活习性及防治 [J]. 农药快讯（18）：20.
秦厚国，汪笃栋，丁建，等，2006. 斜纹夜蛾寄主植物名录 [J]. 江西农业学报，18（5）：51-58.
姚文辉，2005. 斜纹夜蛾的生物学特性 [J]. 华东昆虫学报，14（2）：122-127
虞国跃，张君明，2021. 斜纹夜蛾的识别与防治 [J]. 蔬菜（8）：82-83，89.

五、烟蓟马

1. 分类地位

烟蓟马（*Thrips tabaci*）属缨翅目（Thysanoptera）蓟马科（Thripidae）蓟马属（*Thrips*），又称葱蓟马、棉蓟马、葡萄蓟马、小白虫等，是世界范围内农作物的一种重要害虫（谢永辉等，2011；Musa，et al，2023）

2. 形态特征

卵：长0.3mm，肾脏形，乳白色。

若虫：体淡黄色，复眼暗红色。触角6节，淡灰色，第1节具环皱，第4节具微毛3排。前胸背面淡褐色，足淡灰色，胸部及腹部各节有微细的褐点，点上生有粗毛。

成虫：雌虫体长10～1.2mm，淡黄色至深色，复眼紫红色。触角7节，第3节、第4节顶端各有叉状感觉锥，第1节色淡，第2节和第6节、第7节灰棕色，第3～5节淡黄棕色，但第4节、第5节末端色较浓。翅淡黄褐色。腹部第2～8节背面前缘各有1条栗黑色横纹。第8复节后缘具完整的栉毛，第9节近前缘两侧各有1根长鬃，近后缘有1圈长鬃，共8节（孙兴全等，2008）（图4-14）。

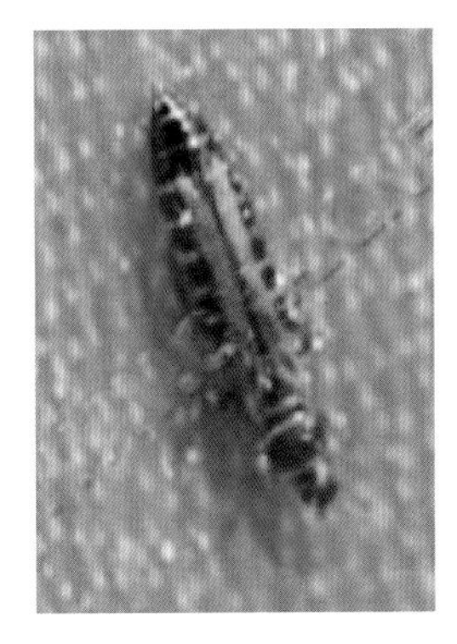

图4-14　烟蓟马成虫

3. 分布地区

在南繁区均有分布。

4. 为害症状

烟蓟马以成虫、若虫用锉吸式口器锉破寄主表皮细胞吸取汁液，为害部位主要是子叶、真叶、嫩头和生长点，在棉花生长中期为害棉花，造成脱落。在盛花期为害，主要是聚集在盛开的花朵内刺吸柱头，一朵花中少的有20～30头，多的达百头，影响蕾铃发育。推迟成熟期，造成产量下降和质量低劣。

5. 生物学特性

1～2龄若虫多在棉叶背面孵化处附近取食，2龄若虫老熟后入土蜕皮变为3龄若虫（前蛹），再蜕1次皮变为4龄若虫（伪蛹）后羽化为成虫。成虫活泼、善飞、白天畏光，多在叶背取食，早晚或阴天才转移到叶正面为害。烟蓟马喜欢干旱，适宜温度为20～25℃，空气相对湿度为40%～70%，春季久旱不雨，烟蓟马有大发生的可能（刘术洋等，2012）。另外，靠近蓟马越冬场所或附近杂草较多的棉田、土壤疏松的地块、葱棉间作或连茬的棉田，以及早播棉田，一般发生较重。

6. 防治措施

（1）农业防治。①上茬收获后及时清理田间及四周杂草，集中烧毁或沤肥；施用腐熟有机肥、增施磷钾肥、适时追肥，提高棉株抗虫能力；合理密植，剪除空枝、顶心、边心、嫩芽，增加田间通风透光度；及时整枝，7月20日前打去顶尖，密度大的棉田立秋后可以适当打边心、剪空枝、打去下部老叶，减轻郁蔽，改善田间通风透光条件。②建立虫害测报体系，加强预测预报，保护天敌，减少虫害对蕾铃的影响。预测预报从棉花出苗到第5片真叶展开时止，每5d调查1次。5点取样，每点查20株，记载有虫株率，当有虫株率达到10%时，可用药剂喷雾防治。

（2）化学防治。在棉花苗期和蕾期可选用1%阿维菌素1 000倍液加10%吡虫啉可湿性粉剂200倍液均匀喷雾，或50%辛硫磷、20%抗蚜威兑水1 500倍液常规喷雾防治。棉花开花期每朵花中虫量达几十头时就必须进行防治，否则就会引起蕾铃大量脱落，对产量造成较大影响，可选择对天敌比较安全的农药，如35%赛丹500倍液、10%吡虫啉可湿性粉剂2 000倍液、48%乐斯本乳油1 000～1 500倍液进行防治。

参考文献

刘术洋，刘浩，2012. 棉花蓟马特性及防治 [J]. 安徽农学通报（下半月刊），18（16）：95-96.

孙兴全，刘晓平，陆军，2008. 棉花烟蓟马的发生与综合防治措施 [J]. 安徽农学通报，14（24）：109，29.

谢永辉，李正跃，张宏瑞，2011. 烟蓟马研究进展 [J]. 安徽农业科学，39（5）：2683-2685，2785.

MUSA S，LADÁNYI M，LOREDO VARELA R C，2023. A morphometric analysis of *Thrips tabaci* Lindeman species complex （Thysanoptera：Thripidae） [J]. Arthropod structure & development，72：101228.

六、烟粉虱

1. 分类地位

烟粉虱（*Bemisia tabaci*）属半翅目（Hemiptera）粉虱科（Aleyrodidae）小粉虱属（*Bemisia*），又称为棉粉虱、甘薯粉虱，首先报道于1889年，在希腊的烟草上发现，命名为烟粉虱。烟粉虱是热带和亚热带地区主要害虫之一，烟粉虱食性杂，寄主广泛，为害严重时可造成绝收。目前，烟粉虱已是美国、巴西、以色列、埃及、意大利、法国、泰国、印度等国家棉花、蔬菜和园林花卉等植物的主要害虫之一（Gennadius，1889），我国本地种主要分布在南部、东南沿海地区以及海南和台湾（刘银泉等，2012），是一类体型微小的植食性刺吸类害虫（张芝利等，2001）。

2. 形态特征

卵：长梨形，有小柄，与叶面垂直，大多散产于叶片背面。初产时淡黄绿色，孵化前颜色加深，呈深褐色。若虫共3龄，淡绿色至黄色。

若虫：1龄若虫有触角和足，能爬行迁移。第1次蜕皮后，触角及足退化，固定在植株上取食。3龄蜕皮后形成蛹，蜕下的皮硬化成蛹壳。蛹壳淡绿色或黄色，边缘薄或自然下垂，无周缘蜡丝，瓶形孔长三角形，舌状突长匙状，顶部三角形，具有1对刚毛，尾沟基部有5～7个瘤状突起。

成虫：成虫体淡黄白色，雌虫体长（0.91±0.04）mm，翅展（2.31±0.06）mm，雄虫体长（0.85±0.05）mm，翅展（1.81±0.06）mm，翅2对，翅白色，被蜡粉无斑点。前翅脉1条不分叉，静止时左右翅合拢呈屋脊状（吴秋芳等，2006）（图4-15）。

图4-15　烟粉虱成虫

3. 分布地区

在南繁区均有分布。

4. 为害症状

烟粉虱对不同植物表现不同的为害症状，在棉花上为害时，叶正面出现褪色斑，虫口密度高时有成片黄斑出现，严重时会导致蕾铃脱落，影响棉花产量和纤维质量。

5. 生物学特性

刚孵化的烟粉虱若虫在叶背爬行，寻找合适的取食场所，数小时后即固定刺吸取食，直到成虫羽化。成虫喜欢群集于植株上部嫩叶背面吸食汁液，随着新叶长出，成虫不断向上部新叶转移。故出现由下向上扩散为害的垂直分布。最下部是蛹和刚羽化的成虫，中下部为若虫，上中部为即将孵化的黑色卵，上部嫩叶是成虫及其刚产下的卵。成虫喜群集，不善飞翔，对黄色有强烈的趋性。

6. 防治措施

（1）农业防治。①种植抗虫或抗病毒的作物品种可减轻受害程度，是一种行之有效的方法。目前，已选育出一些抗烟粉虱或其所传病毒的作物品种。如少毛的比多毛的棉花品种能够忍受烟粉虱的为害。②清洁田园，彻底铲除病株及杂草，并加以销毁，降低初侵染源。③培育无虫苗，切断通过秧苗传入大棚的途径，即冬、春季育苗房与生产温室分开，育苗前清除残株杂草，熏杀残余成虫，培育无虫苗进行定植。④尽量少种烟粉虱的越冬寄主，针对烟粉虱在我国北方保护地越冬的特点，在保护地秋冬茬栽培烟粉虱不喜好的半耐寒性叶菜如芹菜、生菜、韭菜等，从越冬环节切断烟粉虱的自然生活史。⑤避免保护地果菜混栽，以免形成烟粉虱的桥梁作物，另外在作物生长期间，结合整枝打杈，摘除带虫老叶并带出田外妥善处理，这样可以减少烟粉虱传播的范围。

（2）物理防治。①阻止隔离。烟粉虱的主要寄主是温室蔬菜和花卉，在建设棚室时要注意用细的纱网封闭门窗或建立隔离门，可有效地减少烟粉虱的进入。也可用轻质纤维网覆盖在新种植的作物上，让成虫无法在植株上产卵。②利用黄板诱杀。根据烟粉虱对黄色有强烈趋性的特点，可以在温室内设置黄板诱杀成虫。其方法是将涂有黏油的橙黄色纤维板和硬纸板悬挂于植株顶端。③高温闷棚。高温闷杀法防治烟粉虱可减少用药次数，延缓害虫抗药性的产生，降低农药污染，是无公害蔬菜生产中防治该虫的有效措施。具体处理方法是：室温45～48℃，相对湿度为90%以上，闷棚时间保持2h，烟粉虱的死亡率可以达到100%。

（3）生物防治。目前，已报道的烟粉虱寄生性天敌有55种，主要是恩蚜小蜂属（*Encarsia*）和浆角蚜小蜂属（*Eretmocerus*）；有114种捕食性天敌，主要是瓢虫、草蛉、花蝽和一些捕食螨等。有7种虫生真菌，主要是蜡蚧轮枝菌、粉虱座壳孢、玫烟色拟青霉、白僵菌等。小黑瓢虫在加州和佛罗里达等地已成功地应用于控制棉花和圣诞红上的烟粉虱（张世泽等，2004），并已被引入欧洲和我国福建。

（4）化学防治。①烟雾法。22%敌敌畏烟剂0.75kg/hm^2，于傍晚前将大棚密闭熏烟，可杀灭成虫。或在花盆内放锯末后喷洒80%敌敌畏乳油0.45～0.75kg/hm^2，放上几个烧红的煤球即可。②喷雾法。在烟粉虱发生较轻时，及时喷药，一定要喷在植株叶片背面，动作尽量轻、快，避免成虫受到惊动飞移。可轮换使用的药剂有1.8%阿维菌素类杀虫剂（1.8%爱福丁）2 000～3 000倍液、6%绿浪（烟百素）乳油1 000倍液、40%绿菜宝乳油1 000倍液25%扑虱灵可湿性粉剂1 000～1 500倍液、10%吡虫啉可湿性粉剂2 000倍液、2.5%天王星乳油1 000倍液、20%灭扫利乳油2 000倍液，成虫消失后10d内再追杀1次，以消灭新孵化若虫。

参考文献

刘银泉，刘树生，2012. 烟粉虱的分类地位及在中国的分布 [J]. 生物安全学报，21（4）：247-255.
吴秋芳，花蕾，2006. 烟粉虱研究进展 [J]. 河南农业科学（6）：19-24.
张世泽，万方浩，花保桢，等，2004. 烟粉虱的生物防治 [J]. 中国生物防治，20（1）：57-60.
张芝利，罗晨，2001. 我国烟粉虱的发生危害和防治对策 [J]. 植物保护（2）：25-30.
GENNADIUS P，1889. Disease of tobacco plantations in Trikonia：the aleuro did of tobacco [J]. Ellenike Georgia，5：1-3.

七、棉花小地老虎

1. 分类地位

棉花小地老虎（*Agrotis ipsilon*）属鳞翅目（Lepidoptera）夜蛾科（Noctuidae），别名土蚕、地蚕、黑土蚕、黑地蚕、地剪、切根虫等，是我国各类农作物苗期重要的地下害虫，也是一种世界性的农业害虫。

2. 形态特征

卵：半球形，直径约0.61mm，表面有纵横交错的隆起线纹，初产时乳白色，孵化前灰褐色。

幼虫：体长41～50mm，体稍扁，暗褐色；体表粗糙，布满龟裂状的皱纹和黑色小颗粒，背面中央有2条淡褐色纵带；头部唇基形状为等边三角形；腹部1～8节背面有4个毛片，后方的2个毛片较前方的2个要大1倍以上；腹部末节臀板有2条深褐色纵带（图4-16）。

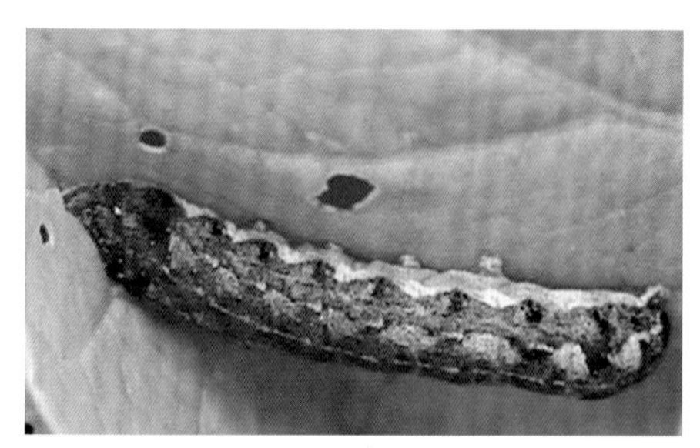

图4-16　棉花小地老虎幼虫

蛹：体长18～24mm，暗褐色；腹部第4～7节基部有圆形刻点，背面的圆形刻点大而色深；腹端具臀棘1对。

成虫：体长16～23mm，翅展42～54mm，深褐色；前翅暗褐色，具有显著的环形纹、棒状纹、肾状纹和2个黑色剑状纹，在肾状纹外侧有一明显的尖端向外的楔形黑斑，在亚缘线上侧有2个尖端向内的楔形黑斑，三斑相对，易于识别；后翅灰色无斑纹；雌虫触角丝状，雄虫双栉状。

3. 为害症状

棉花小地老虎主要在幼虫阶段对棉花造成为害。在春季，1代的幼虫会咬食还未出土的棉花种子，导致棉花幼苗的缺失或断垄，严重时甚至可能导致整个种了被毁。除了种子，小地老虎的幼虫还会咬食幼苗的主茎。一旦幼苗的主茎硬化，它们则会转向咬食嫩叶、叶片和生长点。这种为害模式会严重影响棉花的生长和产量。

4. 生物学特性

远距离迁飞害虫，具有迁飞性。在寒冷地区不能越冬，需要迁飞到温暖地区进行越冬。成虫有很强的趋光性和趋化性。有昼伏夜出的习性，幼虫在3龄前无昼伏夜出特性，昼夜都能为害植物，在3龄后就开始昼伏夜出，在夜晚为害植物（向玉勇等，2018）。

5. 分布地区

在南繁区均有分布。

6. 防治措施

（1）农业防治。在作物收获后及时清除田间杂草，去除残留在地表的作物残体，防止棉花小地老虎成虫产卵。在秋冬季节深翻细耕土壤，能直接杀灭部分越冬蛹和幼虫，还能将蛹和幼虫暴露于地表，使其被冻死、风干，或被食虫鸟啄食，可有效减少和压低越冬虫口发生基数。在有水利条件的地区，针对幼虫在土壤中栖息、为害和在地下越冬化蛹的习性，在棉花小地老虎盛发期或越冬期可结合农事需要进行大水漫灌，使得土中的部分幼虫和蛹窒息死亡，压低虫口密度。

（2）物理防治。根据成虫的趋光性和趋化性，在棉花小地老虎的发生期，可在田间地头放置黑光灯进行诱杀或调配糖醋液进行诱杀，将诱液放于盆内，傍晚时放到作物田间，位置距离地面1m左右，第二天早晨检查并去除杀死的棉花小地老虎和其他害虫。

（3）化学防治。由于棉花小地老虎在地下为害，药剂防治较困难。主要采用药剂拌种、撒施毒土、毒饵诱杀、药液浇灌等措施。主要采用70%噻虫嗪干粉种衣剂1g处理300g种子；或600g/L吡虫啉悬浮种衣剂1g处理200g种子；或5%、8%氟虫腈悬浮种衣剂按药种比分别为1：（50～100）和1：（100～150）包衣处理；或16%克·醇·福美双悬浮种衣剂按1：（30～50）的药种比进行种子包衣等进行处理，可防治棉花小地老虎对作物的为害（于伟丽等，2012）。

参考文献

向玉勇，刘同先，张世泽，2018. 温湿度、光照周期和寄主植物对小地老虎求偶及交配行为的影响 [J]. 植物保护学报，45（2）：235-242.

于伟丽，杜军辉，胡延萍，等，2012. 六种杀虫剂对小地老虎的毒力及对土壤生物安全性评价 [J]. 植物保护学报，39（3）：277-282.

第五章

瓜类病虫害

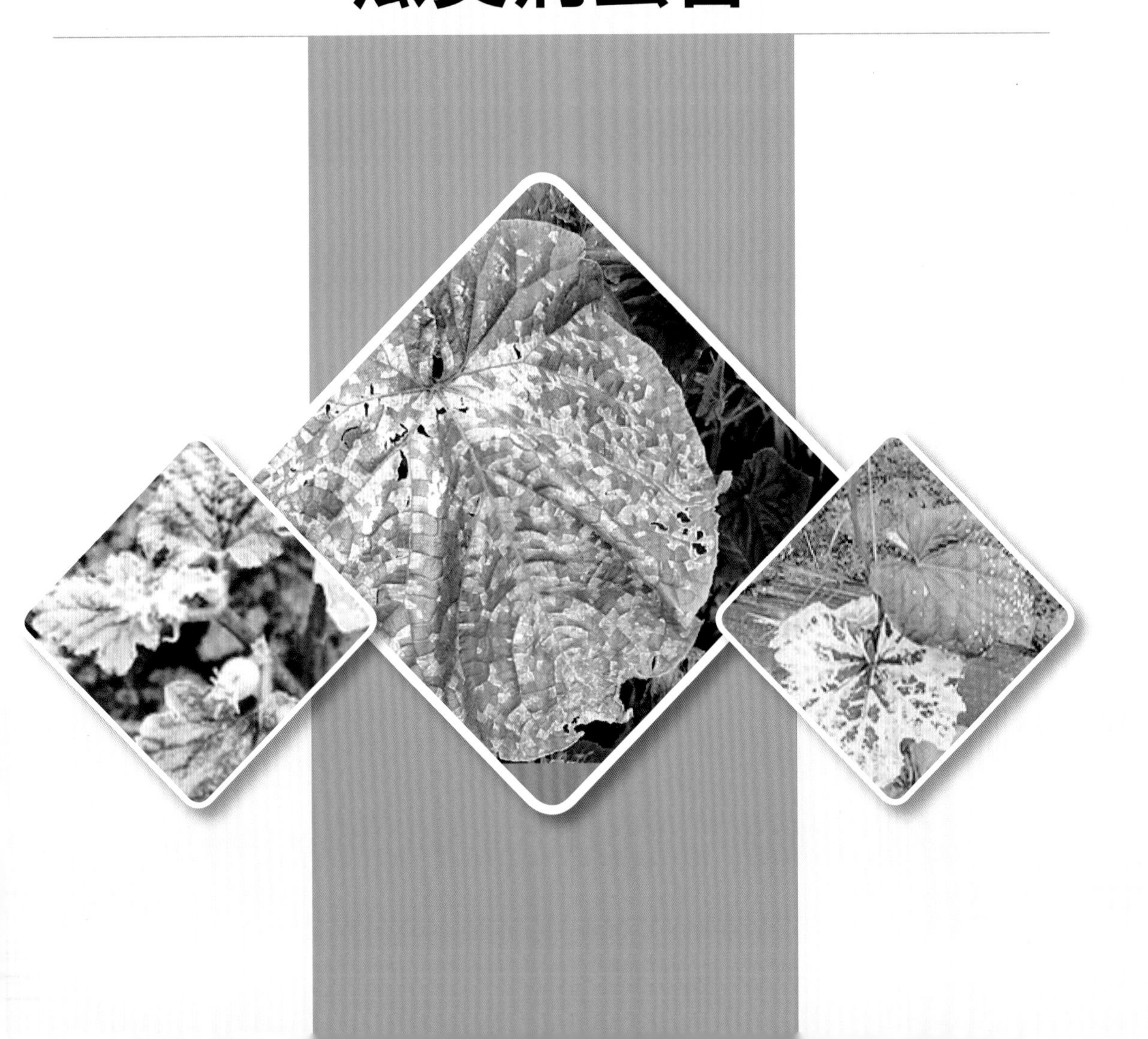

第一节　瓜类病害

一、黄瓜病毒病

1. 病原

黄瓜病毒病可由多种病原引起，如黄瓜花叶病毒（Cucumber mosaic virus，CMV）、黄瓜绿斑驳花叶病毒（Cucumber green mottle mosaic virus，CGMMV）等。

2. 分布地区

在南繁区均有分布。

3. 为害症状

花叶型病毒在黄瓜苗期染病时子叶变黄枯萎，幼叶呈深绿与淡绿相间的花叶状，同时发病叶片出现不同程度的皱缩、畸形。成株期染病，新叶呈黄绿相间的花叶状，病叶小且皱缩，叶片变厚，严重时叶片反卷；茎畸形，茎部节间缩短，严重时病株叶片枯萎；瓜条畸形，呈现深绿及浅绿相间的花斑，表面凹凸不平（刘小华等，2019）（图5-1）。

图5-1　黄瓜病毒病为害症状

4. 发生规律

发病适温20℃，气温高于25℃多表现隐性症状。早定植的因气温较低发病轻，晚定植的因结果期正处于高温季节，发病较重。播种后感病时期与有翅蚜虫的迁飞高峰期相遇则发病重。

5. 防治措施

（1）农业防治。①选用抗病性强的品种，以减轻黄瓜病毒病对蔬菜生产造成的为害和损失。②阻断传播途径。黄瓜病毒病可以通过飞虱、蓟马、蚜虫等害虫传播，因而要重视对这些媒介害虫的防治。可在密封好、保护措施好的大棚通风口处张挂防虫网，或者悬挂粘虫板，诱杀害虫，以降低黄瓜病毒病的发生率（张留生等，2019）。

（2）化学防治。在病毒病发病期间，可选用1.5%植病灵乳剂800～1 000倍液、5%菌毒清水剂300～400倍液、5%辛菌胺水剂400～500倍液等喷洒，对病毒病都有一定的抑制和缓解的作用。

参考文献

刘小华，杨旭英，胡美绒，2019. 瓜类蔬菜病毒病绿色防控技术 [J]. 西北园艺（综合）（5）：40-42.

张留生，侯秋菊，2019. 保护地秋延迟黄瓜病毒病的发生及预防措施 [J]. 现代农业科技（9）：107，109.

二、黄瓜褐斑病

1. 病原

病原为多主棒孢霉（*Corynespora cassiicola*）属半知菌亚门丝孢目棒孢属真菌。菌丝体分枝，无色到淡褐色，具隔膜。

2. 分布地区

目前尚未在南繁区发现为害的报道。

3. 为害症状

黄瓜褐斑病一般发生于黄瓜生长中后期，主要为害黄瓜叶片，植株中下部叶片先发病，后逐渐向上部叶片蔓延。发病初期，叶片出现圆形或不规则形斑点。温湿度较低时，病斑较小，呈黄褐色，叶片正面斑点稍凹陷，近圆形；温湿度较高时，植株生长速度快，病斑较大（直径2～5cm），灰白色，多呈圆形或不规则形，叶面斑点粗糙，模糊环状（赵红艳，2015）（图5-2）。

图5-2　黄瓜褐斑病为害症状

4. 发生规律

温湿度是诱发黄瓜褐斑病的主要因素。病菌萌发、侵染的适宜空气相对湿度为85%~95%，潜育期3~5d。棚内湿度大、田间通风透光性差等有利于病菌侵染，植株管理粗放、连茬种植、偏施氮肥、缺少硼元素等均有利于病害发生。

5. 防治措施

（1）农业防治。①选用抗性较强的品种。选用抗病性较强品种是防治黄瓜褐斑病的有效途径。②加强田间管理。播种前，彻底清除田间杂草、残枝败叶，深翻土壤；加强通风排水，降低空气湿度，减少叶片结露；合理密植，及时清除病、老叶片，提高田间通透性；平衡施用氮、磷、钾肥，避免偏施氮肥，防止植株早衰；发病初期及时摘除病叶，并带至棚外深埋或焚烧。

（2）化学防治。①对种子进行处理。播种前，种子（未包衣）用清水浸泡2~3h，再用10%磷酸三钠溶液或50%多菌灵可湿性粉剂500倍液浸泡20~30min，然后将种子洗净，晾干后播种。②黄瓜褐斑病发病初期，可选用5%百菌清可湿性粉剂800倍液、70%代森锰锌可湿性粉剂500倍液、50%多菌灵可湿性粉剂800倍液等药剂进行喷洒，5~7d喷1次，连喷2~3次。为提高防治效果，建议交替用药（高思玉，2022）。

参考文献

高思玉，2022. 设施黄瓜褐斑病的发病症状及综合防治措施 [J]. 上海蔬菜（3）：38-39.

赵红艳，2015. 黄瓜褐斑病的药剂防治研究 [J]. 新乡学院学报，32（3）：17-19，27.

三、黄瓜菌核病

1. 病原

病原为核盘菌（*Sclerotinia sclerotiorum*）属子囊菌亚门核盘菌科核盘菌属真菌。菌丝体白色，棉絮状，粗细不一，直径3～4mm，透明，有横隔，内有浓密的颗粒状物。

2. 分布地区

目前尚未在南繁区发现为害的报道。

3. 为害症状

黄瓜菌核病主要为害黄瓜的叶、茎和果实，可发生于苗期至成株期。叶片染病后，最初呈不规则白色至灰白色水浸斑，扩大后呈灰褐色近圆形斑，边缘不明显，软腐，并有白色棉絮状菌丝，高湿度条件下引起腐烂。茎藤发病，发病部位主要是靠近地面的茎蔓或主侧枝，初期产生浅绿色小斑点状水渍，后扩大为浅棕色水渍，导致茎蔓软腐萎缩。发病末期，霉烂中空，剥开可见白色菌丝和黑色菌核，呈圆形或不规则状，早期白色，后期黑色（图5-3）。

4. 发生规律

15～20℃的适宜温度和85%以上的空气湿度均有利于菌核的萌发和菌丝的生长、侵袭和囊泡的产生。孢子萌发的最佳温度为5～10℃，菌核萌发的最适温度为15℃。早春多雨年份和梅雨季节的发病较重。间作、套种、排水条件差的田间菌核病的发病较严重。在栽培上，种植过密，通风不良，浇水过多发病严重（张亚媛等，2014）。

图5-3　黄瓜菌核病为害症状

5. 防治措施

（1）农业防治。①进行农业操作。及时摘除老叶和幼瓜上残留的花朵，发现病株及时拔除或剪掉病枝和幼瓜，带出棚外集中焚烧或深埋。采收后，彻底清除病残体，深翻土壤，减少病菌来源，防止菌核萌发出土。②注意田间管理。合理密植，加强通风，降低空气湿度，尤其要防止棚内夜间湿度迅速上升。在黄瓜生长期间，注意通风排水，夜间关棚时气温下降，不要关得太快，减少黄瓜叶露。注意合理控制浇水和施肥量，选择晴天中午浇水，浇水后闭棚升温。当土壤湿度较大时，适当延长浇水间隔。在春季寒流入侵前，要及时盖上小拱棚的塑料膜，并在棚内四周盖上草帘，防止植株受冻。

（2）化学防治。用50%腐霉利可湿性粉剂1 500倍液、50%扑海因（异菌脲）可湿性粉剂1 000倍液或60%防霉宝超微粉600倍液喷雾。

参考文献

张亚媛，周珊，南璐，2014. 黄瓜菌核病无公害防治技术 [J]. 西北园艺（蔬菜）（3）：31-32.

四、黄瓜细菌性角斑病

1. 病原

病原为丁香假单胞杆菌黄瓜角斑病致病变种（*Pseudomonas syringae* pv.*lachrymans*）属薄壁菌门假单胞菌属。菌体表现出短杆状，有1～5根单极生鞭毛，有荚膜，无芽孢。

2. 分布地区

在南繁区均有分布。

3. 为害症状

叶片染病早期，出现针尖状浅绿色水浸状斑点，颜色由深入浅，即为黄褐色、淡褐色，病斑发展至2～3mm时，由于叶脉的特殊性，会形成圆形或不规则形，于叶面均匀分散。随着病情蔓延，叶片出现大量病斑，边缘呈褐绿色，形成油浸状晕区。潮湿环境的叶背出现油浸状病斑，夹杂乳白色菌脓，病情蔓延扩散，病斑表现出多角形特点，当环境相对干燥时，产生白色薄膜或白色粉末，经一段时间发展，质薄如纸，易裂开穿孔（图5-4）。

4. 发生规律

高发期为每年4—5月。湿度是此病发生的重要条件，低温、高湿，昼夜温差大，叶面易结露，发病较重且蔓延快。此外浇水过多导致积水、防风不及时、栽培密度不适宜、常年连茬种植、氮肥施加过多、磷肥不足等，也会增加角斑病发病率（杨海燕，2022）。

图5-4　黄瓜细菌性角斑病为害症状

5. 防治措施

（1）农业防治。①培育无菌种子。种子带菌为黄瓜细菌性角斑病的重要侵染源，也被视为远距离传播的子渠道。黄瓜制种基地应对无病生产严格管理，保证带菌种子运输安全，及时切断该病传播蔓延途径。②选用抗性品种。要综合防治黄瓜细菌性角斑病，应选用抗病品种栽培。③进行生态防治。利用白天和晚间产生温度差对大棚内病害进行有效控制。上午闭棚，温度达28～34℃，但不能高于35℃；中午通风，温度降低至20～25℃，湿度降低至60%～70%，预防叶片产生水滴；晚上闭棚，温度降低至11～15℃，夜间温度高于13℃，则整晚通风。做好防风降湿工作。大棚处于休闲期，晾棚14～42h，土壤彻底干透，保持20d，以减少病原菌。

（2）化学防治。浇水前后立即补充药剂，以便较好发挥预防作用。病害出现初期，为达到较好的预防效果，用77%氢氧化铜可湿性粉剂400倍液、14%络氨铜水剂300倍液、27.12%碱式硫酸铜悬浮剂800倍液、20%松脂酸铜乳油1 000倍液、58%氧化亚铜分散粒剂600～800倍液等，5～7d喷1次，至少喷2～3次。

参考文献

杨海燕，2022. 大棚黄瓜细菌性角斑病症状识别与防治 [J]. 农家参谋（8）：37-39.

五、黄瓜绿斑驳花叶病毒病

1. 病原

黄瓜绿斑驳花叶病毒（Cucumber green mottle mosaic virus，CGMMV）属帚状病毒科（Virgaviridae）烟草花叶病毒属（*Tobamovirus*）。病毒粒子直杆状，长300nm，直径18nm（Tian et al.，2014）。

2. 分布地区

在南繁区均有分布。

3. 为害症状

黄瓜感染黄瓜绿斑驳花叶病毒，初期在新叶上会出现黄色小斑点，随后黄色斑点逐步扩散成花叶状，绿色部位突起并逐步变浓绿色，叶片上卷或变形，叶脉间呈绿带状褪色，染病植株会出现矮化且结果时间延后，黄瓜果实表面出现水渍状斑点，后呈墨绿色水疱状坏死斑，果实大部分黄化或变白，失去商品性。黄瓜一旦感染此病毒，产量普遍降低20%～40%，严重时可能绝收（殷爱玲，2022）（图5-5）。

图5-5 黄瓜绿斑驳花叶病毒病为害症状

4. 发生规律

从发病时间来看，黄瓜绿斑驳花叶病毒病在作物生育后期发病重于前期。潮湿会使症状加重，大多数发病田块早期症状并不明显，在后期若遇到连续高温高湿天气，病症开始显现并加重。除气候适宜因素外，田间管理弱化也是造成生育后期发病重的主要原因。从寄主作物来看，西瓜上黄瓜绿斑驳花叶病毒病的为害重于其他寄主作物。近两年染病寄主90%以上都是西瓜，且为害程度相对较重，在甜瓜、南瓜等作物上也有零星查见，但为害较轻（殷爱玲，2022）。

5. 防治措施

（1）农业防治。黄瓜绿斑驳花叶病毒的农业防治侧重于预防措施，其中关键是使用经过热水或化学消毒处理的种子，种植抗病毒的黄瓜品种，并执行良好的田间卫生管理，如定期消毒农具和工人手部卫生。保持高度警惕，及时移除和销毁病株，避免病毒传播。使用防虫网和实行温室封闭可以预防病毒通过昆虫传播，而作物轮作和清除杂草则有助于打断病毒生命周期。

（2）物理防治。种子的干热处理对去除包括病毒、细菌及真菌类有较好的效果。处理后的种子发芽率下降，发芽势不齐，同一品种的种子由于生产年份、产地不同对其影响程度也不相同。但对于必须要进行消毒处理来说，处理后芽率下降的种子要重新进行比重清选，这样经过处理的种子成本会升高，但达到了安全、高品质的要求（蔡明等，2010）。

参考文献

蔡明，李明福，江东，2010. 日本、韩国黄瓜绿斑驳花叶病毒发生及防控策略 [J]. 植物检疫，24（4）：65-68.

殷爱玲，2022. 黄瓜绿斑驳花叶病毒病监测防控措施初探 [J]. 农业科技与信息（16）：47-49，59.

TIAN T，POSIS K，MAROON-LANGO C J，et al.，2014. First report of cucumber green mottle mosaic virus on melon in the United States [J]. Plant Disease，98（8）：1163.

六、丝瓜炭疽病

1. 病原

病原为瓜类炭疽菌（*Colletotrichum orbiculare*），也称瓜类刺盘孢，属半知菌亚门真菌（吕佩珂等，1992）。气生菌丝繁茂，灰白色，背面暗褐色，生大量菌核。载孢体盘状，初埋生后突破表皮，初呈红褐色，后变黑褐色，顶端不规则开裂。

2. 分布地区

在南繁区均有分布。

3. 为害症状

丝瓜炭疽病在各生长期都可发生，以生长中期和后期发病较重（图5-6）。

图5-6　丝瓜炭疽病为害症状

幼苗发病，子叶边缘出现褐色半圆形或圆形病斑，茎基部受害，患部缢缩，变色，幼苗猝倒。成株期发病初期为淡黄色近圆形小斑点，后扩大为黑褐色且具轮纹，干燥时病斑中央易穿孔破裂，严重时叶片提早枯死，造成严重减产（刘峰，2015）。

4. 发生规律

病菌生长最适温度24℃左右，高于30℃和低于10℃均停止生长，45℃经10min死亡。分生孢子萌发最适温度22～27℃，需要水和充足的氧气，低于4℃不能萌发。温度在14～18℃时，可产生黑褐色的厚垣孢子。丝瓜炭疽病的发生与流行，温湿度的影响最为关键。虽然病菌在10～30℃温度范围内均可生长，但病害往往在气温18℃左右时才开始发生，22～24℃时发生普遍，27～28℃病势即减弱或受抑制。湿度是诱发此病的主导因素。在适温条件下，空气相对湿度越高，发病潜育期越短，持续87%～95%的高湿时，潜育期仅3d，降至54%以下时，病害则很难发生。气温22～24℃、空气相对湿度95%以上时发病最重（马兴云，2016）。

5. 防治措施

（1）农业防治。①选用抗病品种，进行种子处理。发病严重地区，可引进异地丝瓜品种进行试种，选择种植产量高、品质优、抗病性强的品种。②控制土壤传播，实行轮作。大部分病原菌随病株残体在土壤中可存活3～5年甚至10年之久，成为初侵染源，因此必须实行3年以上轮作。

（2）化学防治。①播种前最好进行种子处理，以减少初侵染来源，可用55℃温水浸种20min，或用50%多菌灵可湿性粉剂500倍液浸种1h，用清水冲洗干净后催芽（刘峰，2015）。②发病初期，可选用53.8%氢氧化铜水分散粒剂1 000倍液或2亿活孢子/g木霉菌可湿性粉剂300倍液喷雾，每隔5～7d喷1次，连续防治3～4次，可兼治白粉病、灰霉病、霜霉病等（彭超等，2023）。

参考文献

刘峰，2015. 丝瓜常见病害及其防治技术 [J]. 上海蔬菜（4）：56，58.

吕佩珂，李明远，吴钜文，1992. 中国蔬菜病虫原色图谱 [M]. 北京：农业出版社.

马兴云，2016. 科技惠农一号工程丝瓜高效栽培 [M]. 济南：山东科学技术出版社.

彭超，王迪轩，徐军锋，等，2023. 益阳地区有机丝瓜主要病虫害及综合防治 [J]. 长江蔬菜（1）：55-58.

七、丝瓜疫病

1. 病原

病原为甜瓜疫霉（*Phytophthora melonis*），也称掘氏疫霉，属鞭毛菌亚门真菌（郑莹等，2008）。气生菌丝旺盛，菌落圆形，较均匀，边缘较整齐。菌丝无色无隔，有分枝，粗细不均匀，宽为5.1～8.0μm。

2. 分布地区

目前尚未在南繁区有为害的报道。

3. 为害症状

病害主要为害果实，有时也为害茎蔓、叶片（图5-7）。

图5-7　丝瓜疫病为害症状

果实发病多从花蒂开始，病斑凹陷，开始时呈水渍状暗绿色圆形斑，很快扩展成暗褐色凹陷斑，并沿病斑周围作水渍状浸延，湿度大时病斑表面产生灰白色霉状物，病斑迅速扩展，丝瓜很快变软腐烂。茎蔓主要在嫩茎或节间部位发病，初为水渍状，扩大后整段湿腐，呈暗褐色（刘峰，2015）。

4. 发生规律

在适温范围内，若遇连阴雨或灌水过多，此病易流行为害。一般在植株结瓜初期发生，果实膨大期为发病高峰期，高温多雨，病害传播蔓延快，为害严重（林英，2002）。植株坐瓜后，雨水多，湿度大易发病，土壤黏重、地势低洼、重茬地发病严重（李彬等，2001）。

5. 防治措施

（1）农业防治。①选用抗病品种。②实行轮作。选择高低适中、排灌方便的田块，秋冬深翻，施足腐熟的有机肥，采用高垄栽培，及时中耕、整枝，摘除病果、病叶（李彬等，2001）。

（2）化学防治。发病初期喷洒40%乙膦铝200倍液、75%百菌清500倍液、80%大生600倍液等，隔7d喷1次，防治2～3次（戚继良，2011）。

参考文献

李彬，苏小俊，袁希汉，2001. 丝瓜的主要病虫害及其防治 [J]. 长江蔬菜（10）：25-26.
林英，2002. 丝瓜疫病的发生与防治 [J]. 农业科技与信息（1）：14.
刘峰，2015. 丝瓜常见病害及其防治技术 [J]. 上海蔬菜（4）：56，58.
戚继良，2011. 丝瓜的主要病虫害及其防治 [J]. 农村实用科技信息（10）：44.
郑莹，段玉玺，陈立杰，等，2008. 沈阳地区丝瓜疫病病原菌研究 [J]. 植物保护（5）：27-31.

八、丝瓜病毒病

1. 病原

丝瓜病毒病由多种病毒侵染引起，病原有黄瓜花叶病毒（Cucumber mosaic virus，简称CMV）、甜瓜花叶病毒（Muskmelon mosaic virus，简称MMV）、烟草环斑病毒（Tobacco ringspot virus，简称TRSV）、烟草花叶病毒（Tobacco mosaic virus，简称TMV）、芜菁花叶病毒（Turnip mosaic virus，简称TuMV）和马铃薯Y病毒（Potatovirus Y，简称PVY）等（苏小俊等，2008）。

2. 分布地区

在南繁区均有分布。

3. 为害症状

花叶型：病叶呈浓绿与淡绿相间的斑驳，叶片皱缩，节间短，植株矮化，果实呈浓、淡绿色相间斑驳，浓绿部分常突起，病果变形。

皱缩型：新叶沿叶脉发生浓绿色隆起皱纹，或出现藤叶、裂片或叶片变小，有时沿叶脉坏死，病果大小不等，瘤突，畸形。

绿斑型：叶片初生黄色斑点，继而形成黄色斑驳，绿色部分呈瘤状降起，病果生浓绿色花斑，畸形。

黄化型：叶片色泽黄绿色至黄色，叶脉绿色（图5-8）。

图5-8 丝瓜病毒病为害症状

4. 发生规律

丝瓜病毒病发病适温为20℃，气温高于25℃多表现为隐症。在高温干旱的气候条件下，有利于蚜虫活动，易发丝瓜病毒病。黄瓜花叶病毒的寄主范围很广，不仅为害多种瓜类作物，传毒昆虫介体为多种蚜虫，亦极易以汁液接触传染。此外，田间管理粗放、缺肥、缺水也加重病害严重程度。

5. 防治措施

（1）农业防治。合理施肥，多施农家肥，不偏施氮肥，以免瓜苗贪青发病。有条件的地方用草木灰450～600kg/hm^2，在露水未干前叶面撒施，可使病毒失毒。选择土质黏重的田块栽种丝瓜，可以避免线虫传毒发病，减轻丝瓜病毒病的发生。不与黄瓜、甜瓜混种，也不要在以前种过瓜类的田块种植丝瓜。适当早播或晚播，苗期避开蚜虫迁飞高峰期。

（2）物理防治。种子播种前用60～62℃温水浸种10min或在55℃温水中浸种40min后，即移入冷水中冷却，晾干后播种。

（3）化学防治。20%毒灭星可湿性粉剂500～600倍液，或20%小叶敌灵水剂

500～600倍液，或15%病毒必克可湿性粉剂500～600倍液，或2%宁南霉素水剂200～300倍液，7～10d用药1次，共喷施4次，药剂交替使用，采收前14d停止用药。

参考文献

苏小俊，袁希汉，高军，等，2008. 丝瓜病毒病分级标准和种质抗性鉴定的研究 [J]. 江苏农业科学（1）：137-139.

九、丝瓜霜霉病

1. 病原

病原为古巴假霜霉（*Pseudoperonospora cubensis*），属鞭毛菌亚门假霜霉菌属。孢囊梗自气孔伸出，单生或2～4根束生，无色，主干144.2～545.9μm，基部稍膨大，上部呈3～5次锐角分枝（陈国泽等，2011）。

2. 分布地区

在南繁区均有分布。

3. 为害症状

病菌主要以地面叶片作为入侵的前沿，嫩叶最易感病。初侵叶片产生淡黄色至鲜黄色病斑，随着病斑的扩大，色泽也由淡黄色转为黄色至黄褐色，受叶脉限制而呈多角形或不规则形，病健交界模糊，当田间湿度大时，病斑背面易产生霜状略带紫黑色的白霉；随着时间的推移，会蔓延到叶片正面。在温度条件适宜的情况下，病情扩展较快，病斑连接成片，病叶呈火烧状，病叶在3～5d内迅速变褐干枯，感病植株瓜条弯曲、瘦小、僵化、萎缩，花化不成瓜，产量和质量显著下降（图5-9）。

图5-9　丝瓜霜霉病为害症状

4. 发生规律

周年为害，无明显越冬期。在气温相对偏低的冬季，霜霉病病菌仅以孢子形式进行休眠，3℃以上的气温孢子即能吸水形成孢子囊，借助风雨或昆虫传播。当温度在16℃以上时，直接产生芽管，从寄主表皮或气孔入侵，从而使寄主表现出症状。

5. 防治措施

（1）农业防治。加强田间管理以增加大田通风透光性，降低湿度；科学管理水肥。施腐熟猪粪、鸡粪或饼肥22.5～30.0t/hm^2，进口复合肥1.5t/hm^{2}作底肥；补施微肥。有条件的可进行水旱轮作或丝瓜种植地块与水稻、大蒜、红菇等轮作，可有效地减少病原菌，降低发病概率。

（2）物理防治。丝瓜播种前2～3d，用55℃温水浸种30min，并不断搅拌，待水温下降后，捞起用纱布或毛巾包好，在冰箱里冷冻4h，然后取出再用清水浸种12h，沥干水后，用70%甲基硫菌灵500倍液浸种2～3h，然后放在25～30℃的恒温箱中催芽。

（3）化学防治。在发病前或发病初期，应选用保护性药剂75%达霜宁600～800倍液，或百菌清或百可宁（40%悬浮剂）500～700倍液；发病期可喷施内吸性杀菌剂58%雷多米尔水分散粒剂600～800倍液，或64%杀毒矾可湿性粉剂600倍液、58%瑞毒霉600倍液、霜康700倍液、真优美1 000倍液等。

参考文献

陈国泽，叶万余，陈勤平，等，2011. 丝瓜霜霉病发生规律及药剂防治研究 [J]. 安徽农学通报（上半月刊），17（9）：132-133.

十、甜瓜病毒病

1. 病原

病原主要有西瓜花叶病毒（WMV）、小西葫芦黄花叶病毒（ZYMV）、黄瓜花叶病毒（CMV）、番木瓜环斑病毒西瓜株系（PRSV-W）等（方世凯等，2004）。

2. 分布地区

在南繁区均有分布。

3. 为害症状

甜瓜病毒病主要表现有花叶型和蕨叶型2种（图5-10）。

发生花叶型病毒病后，新叶首先出现明显褪绿斑点后变为系统性斑驳花叶，斑深浅不一，叶面凹凸不平，叶片变小畸形；植株顶端节间缩短，植株矮化；结果少而小，果面上有褪绿斑驳。

发生蕨叶型病毒病时，新叶狭长，皱缩扭曲；花器不育，难以坐果，即使结果也容易出现畸形；果实发病，表面形成浓绿色和浅绿色相间的斑驳，并呈不规则突起（方世凯等，2004）。

图5-10 甜瓜病毒病为害症状

4. 发生规律

一般5月底至6月初开始查见病株，6月中旬以后出现明显的显症高峰。据调查，肥水不足、生长衰弱的瓜田，病毒病发生早、发生重，生育期晚的发病重于生育期早的（荀贤玉等，2007）。

5. 防治措施

（1）农业防治。①做好种子处理，从源头控制发病。选用抗耐病甜瓜品种，如果采用自留种，应在未发生病毒病的田块内选留种瓜，尽量避免种子带毒。②加强肥水管理，实施健身栽培。施足底肥，增施磷、钾肥，注重水分的调节，增强植株抗病力；及时拔除病株，带出田外集中销毁，减少田内毒源；从4月下旬开始，在甜瓜棚通风口覆盖防虫网，防止传毒昆虫侵入（崔劲松等，2010）。

（2）物理防治。在播种前要做到以下两点：一是晒种，于晴好天气将瓜种摊开，在阳光下晒3～5h；二是浸种，用60～62℃温水浸种10min，或用55℃温水浸种40min后移入冷水中冷却再播种。

（3）化学防治。发病初期开始用40%吗啉胍·羟烯腺·烯腺可溶性粉剂1 000倍液或20%吗胍·乙酸铜可湿性粉剂500倍液喷雾防治，注意药剂要交替使用（肖宏伟等，2012）。

参考文献

崔劲松，丁慧军，崔迎军，2010. 甜瓜病毒病重发原因及综合防治对策 [J]. 上海蔬菜

（3）：73，80.
方世凯，陈崇森，2004. 海南秋冬季西瓜甜瓜病毒病发生原因及防治对策 [J]. 中国西瓜甜瓜（1）：40-42.
肖宏伟，葛云刚，闫国贤，等，2012. 夏秋茬栽培甜瓜病毒病重发原因及防控措施 [J]. 中国农技推广，28（6）：41-42.
荀贤玉，石磊，戚银祥，2007. 甜瓜病毒病的发生与防治 [J]. 长江蔬菜（5）：20-21.

十一、甜瓜枯萎病

1. 病原

甜瓜枯萎病主要病原菌是尖孢镰刀菌甜瓜专化型（*Fusarium oxysporum* f. sp. *melonis* W. C. Snyder&H. N. Hans）（王先挺等，2020）。纯化菌株在PDA固体平板培养基上的形态呈丝絮状白色或淡粉色的突起团，在液体培养基中的形态呈乳白色或灰褐色的絮状团。

2. 分布地区

在南繁区均有分布。

3. 为害症状

苗期发病可造成子叶或全株萎蔫，茎基部变褐缢缩，呈猝倒状。发病初期，植株叶片从基部向顶端逐渐萎蔫，中午尤其明显，早、晚可恢复，3～4d后整株或一部分侧枝枯萎死亡。茎蔓基部稍缢缩，常有纵裂。有的病株根部呈褐色，易拔起，皮层与木质部易剥离，其维管束变褐色。潮湿时，根茎部呈水渍状腐烂，表面常产生白色或粉红色霉状物或产生红褐色树脂状分泌物（刘春艳等，2010）（图5-11）。

图5-11　甜瓜枯萎病为害症状

4. 发生规律

在土壤中残存的菌丝体及厚垣孢子和菌核，当土壤温度在8～35℃都能萌发，而以24～28℃萌发生长最快。土质黏重、地势低洼、排水不良、耕作粗放、根系生长发育不良也容易造成病害发生。影响植株根系生长的因素往往有利于枯萎病的发生（王虹等，2019）。

5. 防治措施

（1）农业防治。①选用抗病品种。目前全国已育成并在生产中推广应用的抗病品种主要有龙甜系列、伊丽莎白、锦丰甜宝等抗病品种。在同一栽培条件下，早熟品种抗病性低于晚熟品种。早熟品种中又以白皮品种抗病性最差，而绿皮、花皮、黄皮抗病性较强（胡广欣，2013）。②加强栽培管理。主要措施包括合理施用磷、钾肥和充分腐熟的肥料；适当中耕，提高土壤透气性，促进根系粗壮，增强抗病力；小水沟灌，适当控制浇水，保持土壤半干湿状态，忌大水漫灌，及时清除田间积水；发现病株及时拔除，收获后清除病残体，减少菌源积累。

（2）化学防治。为消灭种子内外所带的病菌，可用50%多菌灵可湿性粉剂1 000倍液，浸种30～40min，拌种处理后，对甜瓜枯萎病的防效达78%。也可用40%福尔马林100倍液浸种30min，浸后都要用清水洗净后进行催芽或播种。为了预防发病，应对移栽穴或直播穴施药土处理，杀灭土壤中的病菌。药土比例为1∶100，即1kg农药与100kg细潮土混合均匀，每穴施入10g左右，随后播种覆土。常用药剂有50%多菌灵、70%甲基硫菌灵、40%拌种双等（王虹等，2019）。

参考文献

胡广欣，2013. 甜瓜枯萎病防治技术 [J]. 农民致富之友（5）：112.

刘春艳，王万立，郝永娟，等，2010. 大棚甜瓜枯萎病的发生及综合防治 [J]. 农业科技通讯，457（1）：171-172.

王虹，周晓静，李金玲，等，2019. 甜瓜枯萎病及其综合防治 [J]. 农业科技通讯（5）：313-315.

王先挺，曾立红，王斌，等，2020. 大棚甜瓜枯萎病病原鉴定及其生物学特性 [J]. 贵州农业科学，48（7）：42-46.

十二、甜瓜蔓枯病

1. 病原

甜瓜蔓枯病的病原菌为子囊菌门亚隔孢壳属（*Didymella*）的瓜黑腐小球壳菌（*Mycosphaerella melonis*），其无性型为无性态菌物葫芦茎点霉菌（*Phoma cucurbitacearum*）。

子囊孢子无色双胞；分生孢子无色，单胞或有1个隔膜（陈开端等，2019）。

2. 分布地区

在南繁区均有分布。

3. 为害症状

该病在甜瓜各生育期均发生，主要为害茎蔓，也为害叶片和叶柄。叶片发病多从靠近叶柄附近处或从叶缘开始侵染，形成不规则形红褐色坏死大斑，有不甚明显的轮纹，后期病斑上密生黑色小点，空气干燥时病斑易破裂。在田间，病部常产生乳白色至红褐色流胶，病斑表面形成许多小黑点。叶柄染病，呈水浸状腐烂，后期亦产生许多小黑点，干缩萎垂至枯死。有时病菌沿瓜柄或瓜蒂侵染至瓜果，逐渐呈水浸状褐色坏死，最后腐烂，在病瓜表面密生黑色小粒点（郑文娟等，2014）（图5-12）。

图5-12 甜瓜蔓枯病为害症状

4. 发生规律

病原菌以菌丝体、分生孢子及子囊壳随病残体在土壤中越冬，第二年经风雨传播，由茎蔓的节间、叶片和叶缘的水孔及伤口侵入。病原菌生长温度为5～35℃，适宜温度20～30℃，当棚内相对湿度高于85%、温度在18～25℃时适宜发病。在高温、高湿、多雨、日照不足、通风不良的情况下，容易发生蔓枯病；阴天潮湿或整枝过迟造成伤口，往往容易引起蔓枯病流行；种植密度大，偏施氮肥等易发病（周祖和等，2010）。

5. 防治措施

（1）农业防治。①加强田间管，施足腐熟有机肥，增施磷、钾肥，培育健壮植株，增强植株抗病能力。②控制田间湿度，使用高垄栽培；合理密植，增加株间通透性。③及时将发病植株清除出棚室或田间，减少病原菌数量；甜瓜与禾本科植物轮作，可降低蔓枯病的发病率（项敏，2019）。

（2）物理防治。利用棚室休闲期，夏季进行高温闷棚处理，可有效消灭棚室内的病原菌，减少病原菌数量。

（3）化学防治。发现蔓枯病后及时施药防治，药剂科学合理混配，轮换使用。可选用的药剂有25%咪鲜胺乳油1 500倍液或42.4%唑醚·氟酰胺（健达）悬浮剂1 500～2 000倍液或75%百菌清可湿性粉剂800倍液+10%苯醚甲环唑（世高）水分散粒剂1 500倍液，每隔7～10d喷1次，连续防治2～3次，重点喷雾发病部位。茎蔓发病初期，还可将药液涂抹到茎蔓上的发病部位进行治疗，防止病害蔓延扩展（陈开端等，2019）。

参考文献

陈开端，韩翠婷，戴峥峰，等，2019. 浅谈西甜瓜蔓枯病和枯萎病的诊断与防治 [J]. 中国蔬菜（8）：104-105.

项敏，2019. 甜瓜蔓枯病的识别与防治 [J]. 农村新技术（5）：21-22.

郑文娟，赵增寿，史亮，等，2014. 甜瓜蔓枯病发生与防治技术 [J]. 蔬菜（5）：67.

周祖和，陈海燕，2010. 甜瓜蔓枯病的发生与防治 [J]. 现代农业科技（9）：189.

十三、甜瓜霜霉病

1. 病原

甜瓜霜霉病是由古巴假霜霉菌（*Pseudoperonospora cubensis*）引起的一种典型的气传病害。该菌属于卵菌门霜霉菌目假霜霉属，专性寄生。菌丝体无色，无隔膜，在寄主细胞间生长发育（杜志强等，2019）。

2. 分布地区

在南繁区均有分布。

3. 为害症状

甜瓜霜霉病主要为害叶片，花、卷须和茎亦会受害，苗期和成株期均会染病。苗期染病后，子叶上产生水渍状小斑点，后扩展成浅褐色病斑，湿度大时叶背面长出灰色霉层。成株期染病后，植株下部（近根部）叶片先出现症状，初期叶片产生水渍状斑，随着病斑扩展叶片正面逐渐形成浅黄色病斑，病斑受叶脉限制呈多角形，背面产生灰黑色霉层；后期病斑变成浅褐色或黄褐色多角形斑，而后迅速扩展或融合成大斑块，叶片上卷或干枯，严重时下部叶片全部干枯，并很快向上部叶片发展（侯慧锋等，2022）（图5-13）。

图5-13　甜瓜霜霉病为害症状

4. 发生规律

此病的发生和流行与温湿度关系密切。瓜类生长期间的温度一般能够满足发病要求，所以湿度是决定发病与否和流行程度的关键因素。多雨、多露、多雾、昼夜温差大、阴晴交替等气候条件有利于该病的发生和流行。甜瓜霜霉病病菌对温度要求不高，15～22℃适合病原菌的生长。浇水过量、浇水后遇雨天、种植过密、田间郁蔽等植株易发病（候慧峰等，2022）。

5. 防治措施

（1）农业防治。选择抗病品种。种植时选择地势较高，排水良好地块，须3年以上轮作，避免重茬种植。及时掐尖、打杈、整枝、除草，保证叶片之间疏散透光，保证通风，降低湿度。随时关注天气变化，避免雨前浇水，大雨后要及时排水，以免植株、叶片长时间浸在积水中，为病菌萌发创造有利条件（汪可心等，2017）。

（2）化学防治。阴雨天宜选用烟雾法、粉尘法进行预防；晴天宜采用喷雾法进行防治。

烟雾法：每亩用45%百菌清烟剂200～250g，分放在棚内4～5处，暗火点燃，发烟时闭棚，熏1夜，第二天清晨通风，隔7d熏1次。

粉尘法：在发病初期，傍晚用喷粉器喷撒5%百菌清粉尘剂、10%防霉灵粉尘剂，用量为1kg/亩，隔9～11d喷1次。

喷雾法：选择晴天上午进行，发病前预防可选择保护性杀菌剂，可选用75%百菌清可湿性粉剂800倍液、50%福美双可湿性粉剂600倍液、80%代森锰锌可湿性粉剂600～800倍液、70%安泰生（丙森锌）可湿性粉剂600倍液、65%代森锌可湿性粉剂500倍液、77%可杀得可湿性粉剂800～1 000倍液（杜志强等，2019）。

参考文献

杜志强，王迪，徐慧春，等，2019. 甜瓜霜霉病的发生规律与防治研究进展 [J]. 黑龙江农业科学，304（10）：152-156.

侯慧锋，王海荣，王政宇，等，2022. 甜瓜霜霉病的综合防治方法 [J]. 上海蔬菜，187（6）：65-67.

汪可心，李淑敏，孟繁君，等，2017. 吉林省甜瓜霜霉病的发生规律及综合防治方法 [J]. 农业开发与装备（12）：165.

十四、苦瓜白粉病

1. 病原

苦瓜白粉病病原菌有性阶段为子囊菌亚门瓜白粉菌（*Erysiphe cucurbitacearum*）和瓜类单囊壳白粉菌（*Sphaerotheca cucurbitae*）的真菌，无性阶段为半知菌的粉孢菌（周洋等，2020）。

2. 分布地区

在南繁区均有分布。

3. 为害症状

苦瓜白粉病主要为害苦瓜叶片，叶片受害时，初时在叶片正面出现边界明显的褪绿小斑点，在相应的叶背面出现近圆形白粉状斑点（为病原菌的分生孢子、分生孢子梗及菌丝体）。随着病情的发展，叶片的表面及反面均密布粉斑，并相互连合，导致叶片变黄、干枯直至脱落。秋天干燥时，白色的霉斑上长出很多黑色小粒点（图5-14）。

图5-14　苦瓜白粉病为害症状

4. 发生规律

诱发该病的重要因素是湿度和温度。春、秋两季当温度在16～24℃，多雨高湿的环境条件下时，此病最易盛发流行。温暖、田间湿度大，或干湿交替出现则发病重。温暖湿闷、时晴时雨有利于发病。偏施氮肥或肥料不足、植株生长过旺或衰弱发病较重。

5. 防治措施

（1）农业防治。因地制宜选择早熟、生长势强、抗病性好的品种。选择地势较高，利于排水，土壤结构疏松、肥力较高的地块来种植。采用深沟高畦栽培，四周开好排水沟，尽量做到排水畅通、雨住沟干。苦瓜不宜连作，最好与水稻等水生作物实行3年以上的水旱轮作。

（2）生物防治。施用枯草芽孢杆菌（BLG010）可以降低苦瓜中的D-葡萄糖、延胡索酸、甘氨酸、甘油酸、L-谷氨酸、咖啡酸和肌醇半乳糖苷7种物质含量的变化，从而降低苦瓜白粉病病情指数。

（3）化学防治。发病初期，用80%金乙嘧・腈菌唑可湿性粉剂2 500倍液、40%氟硅唑乳油4 000倍液、25%乙嘧酚悬浮剂1 500倍液或10%苯醚甲环唑水分散粒剂1 500倍液喷雾防治，每隔5～7d喷1次，连续3次。

参考文献

周洋，蓝国兵，佘小漫，等，2020. 海南16个苦瓜品种对白粉病抗性的鉴定 [J]. 热带农业科学，40（8）：46-49.

十五、苦瓜根结线虫病

1. 病原

根结线虫是许多农作物的重要病原之一，最常见的有南方根结线虫（*Meloidogyne incognita*）、花生根结线虫（*Meloidogyne arenaria*）、爪哇根结线虫（*Meloidogyne javanica*）及北方根结线虫（*Meloidogyne hapla*），这4种根结线虫为害作物的频率占到根结线虫发生总量的95%以上。

2. 分布地区

在南繁区均有分布。

3. 为害症状

苦瓜根结线虫主要为害苦瓜的根部，苦瓜病株的受害处会形成瘤状根结，根结初为白色，表面较光滑，生长不良，沤根腐烂，由于受土壤某些病原菌的侵染而逐渐变褐色。染病严重的苦瓜主根和侧根上会有虫瘤，连接成串珠状，整个根系肿胀畸形，根系受影响后，大多数受害植株初期地上部分生长迟缓，叶片变小变黄，苦瓜会出现不结实或结实不良的情况，严重时生长停滞，植株矮小甚至萎蔫，导致苦瓜植株全根腐烂，植株枯死（图5-15）。

图5-15 苦瓜根结线虫病为害症状

4. 发生规律

根结线虫适宜在25～30℃，相对湿度在40%～70%的条件下生长发育，湿度大或干旱的情况下均不利于生存，喜欢生存在透气性较好的土壤。主要靠病土、病苗、病残体及农事操作进行传播。

5. 防治措施

（1）农业防治。①选用无病种苗。严把苦瓜育苗关，选用无根结线虫种子和苗木，确保种苗不带病是防止根结线虫为害的有效措施。培育无病壮苗，严格禁止将病苗定植到大田中。另外，可以采用无土栽培育苗技术防治根结线虫，该技术不受疫区限制，适用范围广（刘子记等，2015）。②利用夏季的高热，深翻土壤可以有效应对根结线虫，深翻土壤深度达25cm以上，使土壤深层的根结线虫到土表，且疏松土壤，经过日晒后降低土壤中的含水量，不利于根结线虫的存活。不仅能够杀死大部分根结线虫，同时还可以把土壤中的植物残体分解掉，营造不利于根结线虫生长的环境，还要注意处理后下茬种植前使用微生物菌肥补充肥力。③加强田间管理，发现病株要及时清除，还要集中烧毁，对在有病田块中使用过的农具也要进行擦拭消毒。④清除病残和杂草，病根是病原线虫存活的场所，收获后要尽快清除，集中烧毁，减少第二年初侵染源。同时注意铲除寄主杂草，降低田间虫口密度。

（2）物理防治。对苦瓜根结线虫严重发生的地块，可采用深耕晒垡，另外可采用稻草30～35kg/hm^2、生石灰15～20kg/hm^{2}与土壤混匀，用1～2层塑料薄膜覆盖地面，利用夏季高热、日光消毒，一方面可以杀死大部分线虫，另一方面可以将植物残体分解。但物理防治对在深层土壤活动的根结线虫防治效果不明显并且成本较高。

（3）化学防治。①将苗床土壤进行消毒，主要采用灭生性土壤处理剂来处理，处理药剂包括氯化苦和威百亩，用量1～2kg/hm^2。②发现病株立即拔除，带出田外集中处理。发病初期用1.8%阿维菌素1 000～1 200倍液灌根，也可用线虫威3 000～3 500倍液灌根。

参考文献

刘子记，孙继华，刘昭华，等，2015. 海南苦瓜根结线虫病的发生与防治策略 [J]. 热带农业科学，35（4）：55-58.

十六、苦瓜蔓枯病

1. 病原

苦瓜蔓枯病病原为小双胞腔菌（*Didymella bryoniae*），属子囊菌亚门真菌。病菌假囊壳黑褐色，球形至近球形，顶部具乳突状突起，大小96～156mm；子囊束生，圆筒形至棍棒形，二层壁，内含子囊孢子8个，排成两列（秦健等，2018）。

2. 分布地区

在南繁区均有分布。

3. 为害症状

苦瓜蔓枯病主要为害苦瓜的叶片、茎蔓和果，以为害茎蔓影响最大。苦瓜蔓枯病叶片发病初期，初为水渍状小斑点，逐渐扩大形成灰褐色至黄褐色，稍凹陷，边缘有黄色晕圈的圆形或不规则形病斑。随着病害的发展，病斑中间变成灰白色，往往有同心轮纹，易干枯破裂，湿度大或病情严重的常溢出胶质物，引起蔓枯，致全株枯死。茎蔓染病，病斑多呈不规则长条形，稍凹陷，浅灰褐色至深褐色，湿度大时有小黑点，引起茎蔓纵裂，严重时导致植株凋萎（图5-16）。

4. 发生规律

播种带菌种子苗期即可发病，田间发病后病部产生病菌进行再侵染。温度20～25℃及相对湿度高于85%易发病；高温多雨、种植过密、通风不良的连作地易发病。

图5-16　苦瓜蔓枯病为害症状

5. 防治措施

（1）农业防治。①加强田间管理。清除田间及四周杂草，集中烧毁或沤肥；深翻地灭茬；与非禾本科作物轮作；施用酵素菌沤制的堆肥或腐熟的有机肥，配方施肥，适当增施磷、钾肥；地膜覆盖栽培；科学灌水，严禁连续灌水和大水漫灌。②嫁接防病。用苦瓜作接穗，丝瓜作砧木，把苦瓜嫁接在丝瓜上，播种前种子先消毒，再把苦瓜、丝瓜种子播在育苗钵里，待丝瓜长出3片真叶时，将切去根部的苦瓜苗或苦瓜嫩梢作接穗嫁接在丝瓜砧木上。

（2）物理防治。选用无病种子，播前置于56℃温水中浸种至自然冷却后，再继续浸泡24h，然后在30～32℃条件下催芽，发芽后播种；或用50%双氧水浸种3h，然后用清水冲洗干净后播种。

（3）化学防治。发病初期可选用70%甲基硫菌灵可湿性粉剂600倍液或50%硫黄悬浮液800倍液，于早晨或傍晚喷雾防治，7d喷1次，连续3次。采收前7d停止用药。保护地栽培，可选用10%腐霉利烟剂、45%百菌清烟剂等进行烟熏，傍晚喷撒5%百菌清粉尘剂，每亩1kg。

参考文献

秦健，陈振东，宋焕忠，等，2018. 广西苦瓜蔓枯病的病原分离与鉴定 [J]. 植物病理学报，48（2）：280-284.

十七、苦瓜炭疽病

1. 病原

苦瓜炭疽病属真菌性病害，是由瓜类刺盘孢（*Colletotrichum orbiculare*）引起，属半知菌瓜刺盘孢真菌。病菌分生孢子盘聚生，后突破表皮外露，呈黑褐色（王会芳，2012）。

2. 分布地区

在南繁区均有分布。

3. 为害症状

叶上的病斑初呈黄白色，圆形或不规则形，以后变成褐色或黑色的干型病斑，往往有同心轮纹，容易干枯裂开，病斑增多后叶片枯萎。蔓上的病斑呈长圆形，稍凹陷，初呈水渍状淡黄色，后变深褐色。病斑若继续扩展到围绕茎蔓一周，便使茎蔓枯萎。果实感染病害后，先在表面产生白色圆形凹斑，似针头大小，后扩大变成暗褐色，最后变黑褐色着生黑色小粒。病斑不深入果肉，中央常裂开，在潮湿情况下分泌粉红色黏状物（图5-17）。

图5-17　苦瓜炭疽病为害症状

4. 发生规律

高温、高湿是苦瓜炭疽病发生流行的主要条件。在适宜的温度条件下，空气湿度越大，越容易发病，潜育期也越短，相对湿度在87%～95%时潜育期为3d，湿度小于54%不发病。温度在10～30℃时都可发病，24℃左右发病最重，28℃以上发病轻。氮肥用量过多、灌水过量、连作重茬发病重。

5. 防治措施

（1）农业防治。①留种时应从无病果中选取种子，减少种子带菌。②高温多湿是炭疽病发生的有利条件，因此栽培苦瓜应选择地势较高的田块。要高畦深沟，并注意排水，适当密植，疏剪老叶和病叶，使之通风透光，改变田间小气候，降低田间湿度。合理施肥，使植株生长健壮，增强抗病力。

（2）物理防治。种植前先将种子放入52～56℃的温水中浸种25～30min，能收到较好的杀菌效果。

（3）化学防治。苦瓜在幼果期和高温多雨天气容易发病，要连续喷药防病，每隔7～10d喷1次50%多菌灵500～600倍液，或用75%百菌清可湿性粉剂600～800倍液，或用1∶15∶150波尔多液进行防治。

参考文献

王会芳，曾向萍，芮凯，等，2012. 苦瓜炭疽病病原鉴定及生物学特性初步研究 [J]. 中国农学通报，28（7）：141-145.

十八、瓜类细菌性果斑病

1. 病原

瓜类细菌性果斑病是西瓜和甜瓜上毁灭性病害，病原为西瓜食酸菌（*Acidovorax citrulli*），属世界性检疫病害。

2. 分布地区

目前尚未在南繁区发现为害的报道。

3. 为害症状

瓜类细菌性果斑病可在作物的整个生长发育期发生。子叶受害时，初期形成水渍状病斑，随后扩延至子叶基部，严重时会沿叶脉发展成黑褐色坏死的病斑（张学军，2011）。真叶受害时，叶片出现水渍状斑点，病斑受叶脉限制而呈现多种形状，病斑周围略微发黄，但无明显凹陷和晕圈，多个病斑可融合成大斑且变褐色，严重时整个植株枯萎，但叶片不脱落；茎部受害时，常形成凹陷斑，并能分泌菌脓，导致瓜蔓腐烂；果实上的典型病症是向阳面果皮上出现水浸状小斑点，逐渐扩大为不规则的水浸状斑块，渐变褐，稍凹陷，后期多龟裂，随着病原菌向果肉扩展，果肉呈水浸状腐烂或棉絮状坏死，流出黏稠的臭味菌脓，随流水飞溅，可造成二次侵染（图5-18）。

4. 发生规律

病菌在高温高湿的环境中易暴发流行，特别是炎热季节伴随暴风雨的条件，有利于病原菌的繁殖和传播。最适发病温度为25～32℃，在24～28℃条件下接种1h后就能侵入叶片。另外，地势低洼、排水不良、多年连作、密度过大、管理粗放的地块发病严重（季苇芹等，2022）。

图5-18　瓜类细菌性果斑病为害症状

5. 防治措施

（1）农业防治。选择3年内无病的通风良好、排灌方便的沙性壤土；在露水干后进行农事操作，工具、操作人衣物和手部需消毒；起垄栽培，使用滴灌，严禁大水漫灌，果实膨大期及成瓜后少浇或不浇水；及时通风排湿；及时将病株带出棚外深埋作无害化处理；合理施肥，不偏施氮肥；与非葫芦科作物进行3年以上轮作，或水旱轮作倒茬。

（2）物理防治。对种子进行适宜温度及时间的干热处理（如60℃处理甜瓜种子6d、8d，60℃处理西瓜种子12d）或温汤浸种，可显著抑制带菌种子和幼苗的发病率。

（3）化学防治。化学防治仍是主要手段。在发病前或发病初期，可选用适宜浓度的双氧水、苏纳米、过氧乙酸、BX6、四霉素、乙蒜素、氢氧化铜、氧化亚铜、溴硝醇、春雷·王铜、噻霉酮等药剂进行喷雾防治，但要注意用量，避免药害。

参考文献

季苇芹，叶云峰，张爱萍，等，2022. 我国瓜类细菌性果斑病研究新进展 [J]. 中国瓜菜，35（9）：1-8.

张学军，朱文军，王登明，等，2011. 一种新种子处理剂对瓜类细菌性果斑病的防治效果 [J]. 中国瓜菜，24（4）：14-17.

第二节　瓜类虫害

一、瓜绢螟

1. 分类地位

瓜绢螟（*Diaphania indica*），又名瓜螟、瓜野螟，为鳞翅目（Lepidoptera）螟蛾科（Pyralidae）绢野螟属（*Diaphania*）的一种昆虫。

2. 形态特征

卵：扁平椭圆形，淡黄色，表面有网状纹。

蛹：长14mm，浓褐色，头部光整尖瘦，翅基伸至第6腹节，有薄茧。

幼虫：成熟幼虫体长26mm，头部前胸淡褐色，胸腹部草绿色，背面较平，亚背线较粗、白色，气门黑色，各体节上有瘤状突起，上生短毛，全身以胸部及腹部较大，尾部较小，头部次之（图5-19）。

图5-19　瓜绢螟幼虫

成虫：体长11mm，头、胸黑色，腹部白色，第1、第7、第8节末端有黄褐色毛丛。前、后翅白色透明，略带紫色，前翅前缘和外缘、后翅外缘呈黑色宽带（图5-20）。

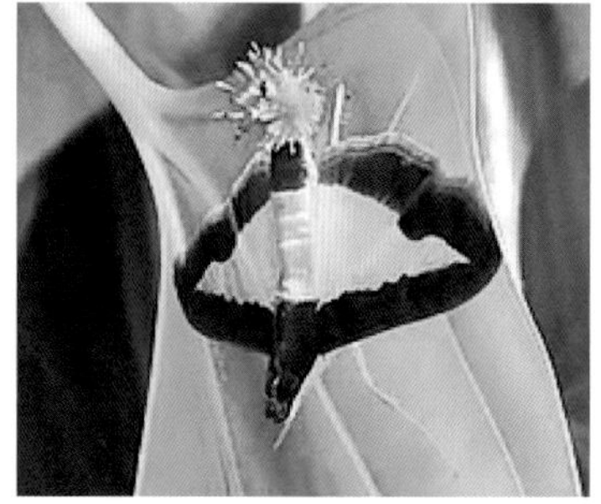

图5-20　瓜绢螟成虫

3. 分布地区

在南繁区均有分布。

4. 为害症状

初孵幼虫先在叶背或嫩尖取食叶肉，被害部呈灰白色斑块，3龄后有近30%的幼虫即吐丝将叶片左右缀合，匿居其中进行为害，大部分幼虫在叶背取食叶肉，可吃光全叶，仅存叶脉和叶面表皮，或蛀食瓜果及在花中为害，或潜蛀瓜藤。幼虫对黄瓜、丝瓜、苦瓜为害最重，不光为害其叶片，而且取食其果肉，严重时每片叶或每条瓜有幼虫一般达20～50条，多者达160多条，严重影响其商品性（王凯等，2021）（图5-21）。

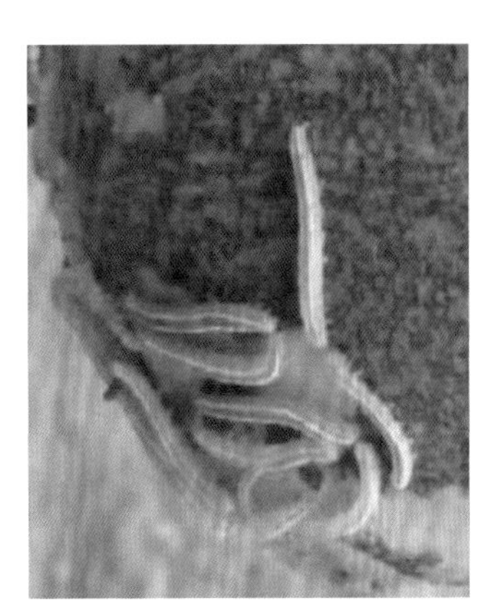

图5-21　瓜绢螟为害叶片和果实

5. 生物学特性

成虫昼伏夜出，具弱趋光性，历期7～10d，对瓜类蔬菜不发生为害。雌虫交配后即可产卵，卵产于叶背或嫩尖上，散生或数粒在一起；瓜绢螟卵、幼虫、蛹和成虫的发育起点温度分别为13.23℃、12.42℃、11.45℃和10.71℃，在一定温度范围内，温度越高，种群增长速率越大、发育历期越短，发生世代增加，世代重叠严重。

6. 防治措施

（1）农业防治。将田间的枯枝落叶收集干净，进行深埋或烧毁，把藏在落叶中的幼虫和蛹清除干净以压低虫口基数。采用高温闷棚的方法，先将地面深翻，覆盖地膜后灌水，再将大棚密闭。选择芹菜、韭菜、玉米等作物进行轮作，减少食物来源，在成虫产卵高峰期及时摘去子蔓、孙蔓的嫩叶及蔓顶；幼虫发生期，及时摘除有虫的卷叶；在化蛹高峰时及时摘去被害老叶片及基部老黄叶，集中处理，以减少田间的虫口基数。在棚室顶部、四周及门窗通风口处均覆盖30～40目的防虫网，能有效阻止瓜绢螟成虫飞入棚内产卵。

（2）物理防治。①通过采用大棚膜和地膜进行双层覆盖，地表下10cm处最高地温可达70℃，经过7～10d的热处理，可起到明显的杀虫灭卵效果。②在田间安装频振式杀虫灯，利用成虫趋光性诱杀成虫，降低田间落卵量。此外，高压静电法对瓜绢螟成虫的防治效果可达到63.55%～70.44%，且对环境污染小，对天敌无害（王凯等，2022）。

（3）生物防治。在盛孵期施药，可选用苏云金杆菌可湿性粉剂800倍液、1.8%阿维菌素乳油3 000倍液、0.36%苦参碱水剂1 000倍液等生物药剂。目前生物防治被认为是防治瓜绢螟的有效方法之一。

利用寄生性天敌如拟澳洲赤眼蜂、瓜螟小室姬蜂、瓜螟绒茧蜂、菲岛扁股小蜂、棱角肿腿蜂、绢野螟绒茧蜂、黑点瘤姬蜂等；捕食性天敌则有蚂蚁、蜘蛛、步甲等，以及病毒和微孢子虫。

植物源农药如胜红蓟素对瓜绢螟的拒食效果最好且残效期长；蓖麻叶片粗提物对瓜绢螟也有明显的拒食和毒杀作用（王凯等，2022）。

（4）化学防治。目前瓜绢螟防治主要依靠化学防治，在幼虫1～3龄时喷洒化学药剂。每亩用6.0%茚虫威微乳剂1 000倍液50kg、10%甲维·茚虫威悬浮剂1 000倍液50kg、12%阿维·茚虫威可湿性粉剂20g、19%溴氰虫酰胺悬浮剂30mL对瓜绢螟的防治效果均较好，均可作为目前防治瓜绢螟的良好药剂选择。在大田防治中可将这4种药剂交替使用，以延缓瓜绢螟抗药性的产生，延长农药的使用寿命。

参考文献

王凯，吴娇娇，张帅，等，2021. 瓜绢螟的识别及绿色防控 [J]. 中国生物防治学报，37（6）：1363-1368.

王凯，吴娇娇，张帅，等，2022. 瓜绢螟绿色防控措施 [J]. 农村新技术（8）：26-27.

二、斜纹夜蛾

1. 分类地位

斜纹夜蛾（*Spodoptera litura*）属鳞翅目（Lepidoptera）夜蛾科（Noctuidae）斜纹夜蛾属（*Spodoptera*），是一种食性杂、分布较广、对农林业危害严重的间歇性发生的世界性害虫。

2. 形态特征

卵：半球形，直径约0.5mm；初产时黄白色，孵化前呈紫黑色，表面有纵横脊纹，数十至上百粒集成卵块，外覆黄白色鳞毛，卵多产于叶片背面（图5-22）。

蛹：长18～20mm，长卵形，红褐色至黑褐色，腹末具发达的臀棘1对。

幼虫：老熟幼虫体长38～51mm，夏、秋虫口密度大时体瘦，黑褐色或暗褐色；冬、春数量少时体肥，淡黄绿色或淡灰绿色（图5-23）。

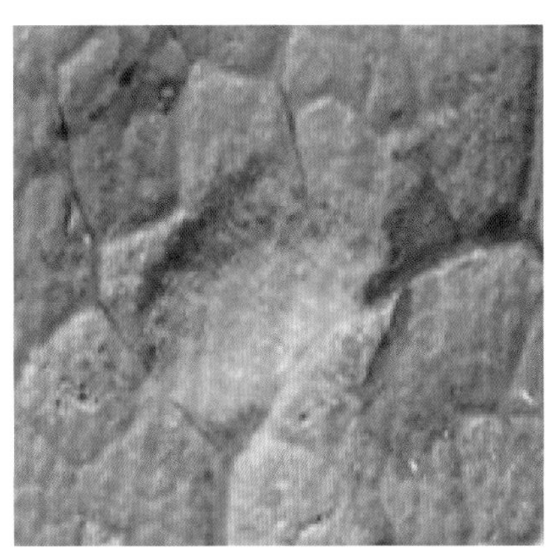
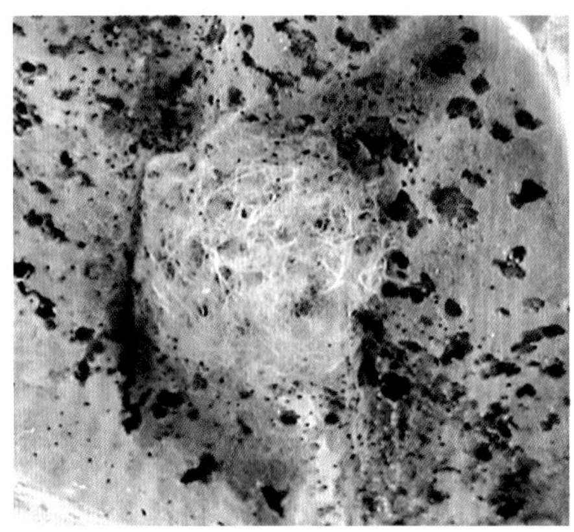

图5-22　斜纹夜蛾卵块

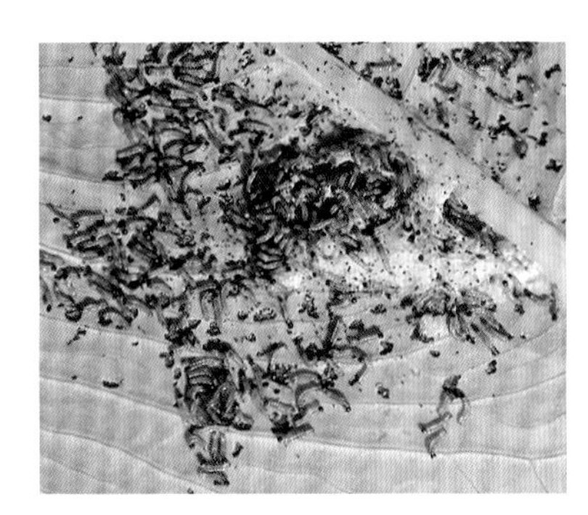

图5-23　斜纹夜蛾幼虫

成虫：前翅灰褐色，内横线和外横线灰白色，呈波浪形，有白色条纹，环状纹不明显，肾状纹前部呈白色，后部呈黑色，环状纹和肾状纹之间有3条白线组成明显的较宽的斜纹，自翅基部向外缘还有1条白纹。后翅白色，外缘暗褐色（虞国跃等，2021）（图5-24）。

图5-24　斜纹夜蛾雄性成虫和雌性成虫

3. 分布地区

在南繁区均有分布。

4. 为害症状

斜纹夜蛾幼虫食性杂，食量大。初孵幼虫首先在叶背进行为害，它们会取食叶肉，只留下薄薄的表皮。当幼虫发育到3龄之后，为害模式会发生变化，导致叶片出现缺刻，严重时叶片会被完全吃光。这种持续和大范围的啃食会对瓜类作物的生长造成重大威胁，影响作物的产量和品质（图5-25）。

图5-25　斜纹夜蛾为害症状

5. 生物学特性

以蛹在土中蛹室内越冬，少数以老熟幼虫在土缝、枯叶、杂草中越冬；南方冬季无休眠现象，发育最适温度为28～30℃，不耐低温，长江以北地区大都不能越冬；卵的孵化适温是24℃左右，幼虫在气温25℃时，历经14～20d，化蛹的适合土壤湿度是土壤含水量在20%左右，蛹期为11～18d。成虫具趋光性和趋化性，成虫白天潜伏在叶背或土缝等阴暗处，夜间出来活动，对糖、醋、酒味也很敏感。幼虫共6龄，有假死性，4龄后进入暴食期，猖獗时可吃尽大面积寄主植物叶片，并迁徙他处为害。

6. 防治措施

（1）农业防治。及时清除杂草，清理越冬场所，收获后翻耕晒土或灌水，以破坏或恶化其化蛹场所，有助于减少虫源。结合管理随手摘除卵块和群集为害的初孵幼虫，以减少虫源。

（2）物理防治。点灯诱蛾：利用成虫趋光性，于盛发期点黑光灯诱杀；糖醋诱杀：利用成虫趋化性配糖醋（糖：醋：酒：水=3：4：1：2）加少量敌百虫诱蛾；柳枝蘸90%晶体敌百虫500倍液诱杀蛾子。

（3）生物防治。可通过人工合成并在田间缓释化学信息素引诱雄蛾，并用特定物理结构的诱捕器捕杀靶标害虫，从而降低雌雄交配，降低后代种群数量而达到靶标害虫种群下降和农药使用次数减少的目的；延缓了害虫对农药抗性的产生，同时保护了自然环境中的天敌种群，非目标害虫则因天敌密度的提高而得到了控制，从而间接防治次要害虫的发生（王志博等，2021）。

（4）化学防治。交替喷施21%灭杀毙乳油6 000～8 000倍液；或50%氰戊菊酯乳油4 000～6 000倍液；或20%氰马或菊马乳油2 000～3 000倍液；或2.5%功夫、2.5%天王星乳油4 000～5 000倍液；或20%灭扫利乳油3 000倍液；或80%敌敌畏或2.5%灭幼脲或25%马拉硫磷1 000倍液，喷2～3次，隔7～10d喷1次，喷匀喷足。

参考文献

王志博，肖强，2021. 茶树斜纹夜蛾的发生及防治 [J]. 中国茶叶，43（11）：11-14.
虞国跃，张君明，2021. 斜纹夜蛾的识别与防治 [J]. 蔬菜（8）：82-83，89.

三、美洲斑潜蝇

1. 分类地位

美洲斑潜蝇（*Liriomyza sativae*）属双翅目（Diptera）潜蝇科（Agromyzidae）斑潜蝇属（*Liriomyza*），是一种危险性检疫害虫，适应性强，繁殖快。

2. 形态特征

卵：米色，半透明，大小（0.2～0.3）mm×（0.1～0.15）mm。

蛹：椭圆形，橙黄色，腹面稍扁平，大小（1.7～2.3）mm×（0.5～0.75）mm（图5-26）。

图5-26　美洲斑潜蝇蛹

幼虫：蛆状，初无色，后变为浅橙黄色至橙黄色，长3mm。

成虫：小，体长1.3～2.3mm，浅灰黑色，胸背板亮黑色，体腹面黄色，雌虫体比雄虫大（图5-27）。

图5-27 美洲斑潜蝇成虫

3. 分布地区

在南繁区均有分布。

4. 为害症状

美洲斑潜蝇以幼虫取食叶片正面叶肉，形成先细后宽的蛇形弯曲或蛇形盘绕虫道，其内有交替排列整齐的黑色虫粪，老虫道后期呈棕色的干斑块区，一般1虫1道，1头老熟幼虫1d可潜食3cm左右。其在叶片正面取食和产卵，刺伤叶片细胞，形成针尖大小的近圆形刺伤“孔”，造成为害。“孔”初期呈浅绿色，后变白，肉眼可见。幼虫和成虫的为害可导致幼苗全株死亡，造成缺苗断垄；成株受害，可加速叶片脱落，引起果实日灼，造成减产。幼虫和成虫通过取食还可传播病害，特别是传播某些病毒病，降低花卉观赏价值和叶菜类食用价值（图5-28）。

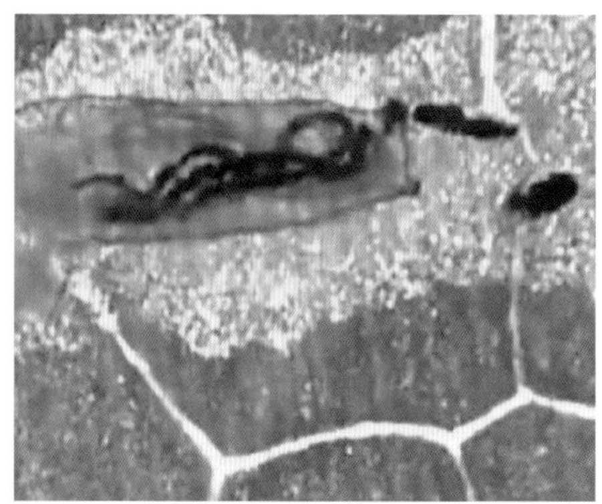

图5-28 美洲斑潜蝇为害症状

5. 生物学特性

成虫具有趋光、趋绿和趋化性，对黄色趋性更强。有一定飞翔能力。成虫吸取植株叶片汁液；卵产于植物叶片叶肉中；初孵幼虫潜食叶肉，主要取食栅栏组织，并形成隧道，隧道端部略膨大；老龄幼虫咬破隧道的上表皮爬出道外化蛹。主要随寄主植物的叶片、茎蔓，甚至鲜切花的调运而传播。最适温度为25～30℃，当气温超过35℃时，成虫和幼虫均受到抑制。此虫虫体小，抗暴风雨能力较差，当遇到暴雨和连续降雨时，易受冲刷致死，同时由于土壤积水、湿度过大，对蛹发育极为不利（张学利，2020）。

6. 防治措施

（1）农业防治。清洁田园，减少虫源，蔬菜收获后将枯枝干叶及杂草深埋或焚烧；将有蛹的表层土壤深翻到20cm以下，以降低羽化率；轮作倒茬，在大棚内向阳面种植少量菜豆、角瓜、黄瓜等诱集美洲斑潜蝇，集中施药灌水、浸泡，有条件的可定期进行灌溉。当发生轻、虫量低时可人工捏杀2～3龄幼虫，也可将受害叶片摘除深埋，收集和清除叶面和地面上的蛹。

（2）物理防治。利用其趋绿性，在水盆内放绿叶加0.2%敌百虫溶液诱杀成虫；利用其趋黄性，在大棚内张挂黄板诱杀成虫；利用其趋光向上性在大棚上部悬挂胶条。

（3）化学防治。在成虫活动高峰和幼虫1～2龄期施药，从植株上部往下部、从外部往内部、从叶正面往背面周到均匀喷药。幼虫多在晨露干后至13时前在叶面活动最盛，老幼虫早晨从虫道出来在叶面上，此时是施药防治的最好时机，在8—11时喷施20%灭扫利2 000倍液、2.5%治潜灵1 000倍液或40%绿菜宝1 000倍液等药剂进行防治。应注意轮换用药，避免产生抗药性，从而达到降低为害程度、减少损失的目的。

参考文献

张学利，2020. 美洲斑潜蝇的发生特点及防治 [J]. 现代农业（1）：50.

四、黄足黄守瓜

1. 分类地位

黄足黄守瓜（*Aulacophora indica*）属鞘翅目（Coleoptera）叶甲科（Chrysomelidae）害虫，它是多种蔬菜瓜果的重要害虫（刘慧等，2007）。

2. 形态特征

卵：长约1mm，近球形，黄色，表面有蜂窝状网纹，近孵化时呈灰白色。

幼虫：刚孵化时为白色，头部渐渐变为褐色，老熟时体长约12mm，胸腹部黄白色，前胸背板黄色（张河庆等，2016）。

蛹：乳白色带有一点淡黄色，纺锤形。

成虫：体长约9mm，长椭圆形，体色橙黄、橙红，有光泽，仅复眼、上唇、后胸腹面和腹节为黑色。前胸背板长方形，鞘翅基部比前胸阔（刘小明等，2006）（图5-29）。

图5-29　黄足黄守瓜成虫

3. 分布地区

在南繁区均有分布。

4. 为害症状

成虫主要取食植株的叶、嫩茎、花及幼果，以叶片受害最严重。幼虫主要在地下部为害根部，3龄后可蛀入根内为害，造成瓜秧萎蔫，严重时引起植株死亡。成虫在为害叶片时通常以腹部末端为中心、身体为半径旋转咬食一圈，形成一个环形或半环，然后在取食圈内啃食叶片，在受害叶片上留下圆形或半圆形网孔或孔洞，受害严重的叶片仅留存网状叶脉（魏林等，2018）（图5-30）。

图5-30　黄足黄守瓜成虫为害症状

5. 生物学特性

成虫喜温好湿，在温暖的晴天活动频繁，阴雨天很少活动或不活动，耐热性较强，中午活动最盛，成虫受惊后飞离或假死，耐饥力强，取食后10d不取食仍可生存，有趋黄习性。

6. 防治措施

（1）农业防治。①消灭虫源，适时清园。在冬天前彻底清除田间杂草，填平土缝，灭越冬虫源及越冬场所。②实施间作或轮作。在黄足黄守瓜为害严重的地区，采用与芹菜、甘蓝、生菜、莴苣等作物间作或轮作，可减轻为害。③地膜覆盖。在发生严重区域采用地膜覆盖栽培，防止成虫在土壤中产卵。

（2）化学防治。重点做好幼苗期的防治工作，控制成虫为害和产卵。由于苗期抗药力弱，易产生药害，应注意选用对口药剂，严格掌握施药浓度。成虫防治药剂可选用10%氯氰菊酯乳油2 000～3 000倍液、4.5%高效氯氰菊酯乳油1 000～4 000倍液、25%噻虫嗪水分散粒剂3 000～4 000倍液、90%敌百虫乳油1 000倍液、25%氰戊菊酯乳油2 000倍液或10%溴氰虫酰胺可分散油悬浮剂1 500～2 000倍液均匀喷雾；防治幼虫可选用90%晶体敌百虫1 500倍液或50%辛硫磷乳油2 500倍液灌根（魏林等，2018）。

参考文献

刘慧，许再福，黄寿山，2007. 黄足黄守瓜（*Aulcophora femoralis chinensis*）取食和机械损伤对南瓜子叶中葫芦素B的诱导作用 [J]. 生态学报（12）：5421-5426.

刘小朋，邓耀华，司升云，2006. 黄足黄守瓜与黄足黑守瓜的识别与防治 [J]. 长江蔬菜（4）：33，35.

魏林，梁志怀，唐炎英，等，2018. 南瓜重要害虫——黄足黄守瓜为害特点及其综合防治 [J]. 长江蔬菜（23）：43-44，74.

张河庆，席亚东，韩帅，等，2016. 四川黄守瓜的发生规律及防治措施 [J]. 四川农业科技（4）：24-25.

五、瓜实蝇

1. 分类地位

瓜实蝇（*Bactrocera cucurbitae*）属双翅目（Diptera）实蝇科（Tephritidae）果实蝇属（*Bactrocera*），是热带作物的主要害虫之一（邓金奇等，2021）。

2. 形态特征

卵：乳白色，呈细长状，长约0.8mm。

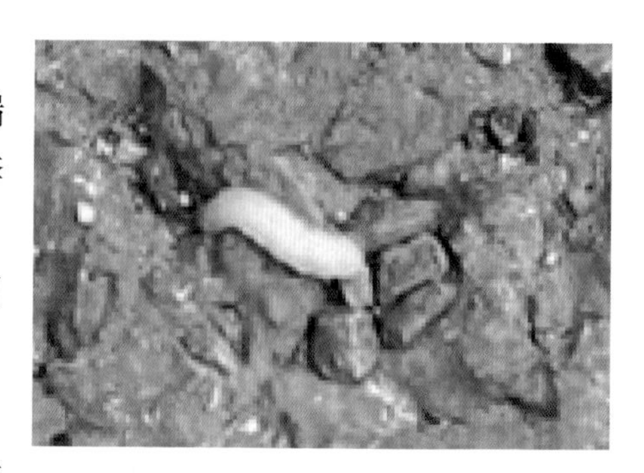

图5-31 瓜实蝇幼虫

幼虫：呈蛆状，最初为乳白色，长约1.1mm；老熟幼虫米黄色，长10～12mm。前小后大，尾端最大，呈截形，透过表皮可见其呈窄“V”形（李红丽等，2017）（图5-31）。

蛹：初为米黄色，后呈黄褐色，长约5mm，圆筒形。

成虫：体型似蜂，体长7～9mm，宽3～4mm，翅展16～18mm。黄褐色，前胸左右及中后胸有黄色纵带纹，腹部第1～2节背板全为淡黄色或棕色，无黑斑带，第3节基部有一黑色狭带，第4节起有黑色纵带纹。翅膜质透明，有暗褐色斑纹，腹部圆形，有黑色带纹。腿节具有一个不完全的棕色环纹（李红丽等，2017）（图5-32）。

图5-32 瓜实蝇成虫

3. 分布地区

在南繁区均有分布。

4. 为害症状

成虫将产卵器刺入瓜表皮内产卵，幼虫孵化后即深入内部取食。初孵幼虫先从产卵孔向瓜心中央水平为害发展，然后向下端为害，最后向上端扩展。幼虫钻蛀瓜瓤及籽粒，呈暗褐色破絮状或粘连颗粒状，有臭味。幼虫为害的部位先变黄，随后全瓜腐烂变黄，造成落花落果，即便不腐烂脱落，刺伤处凝结着流胶，畸形下陷，果皮坚硬，味苦，从而严重影响瓜的品质和产量（郑洁红等，2007）（图5-33）。

图5-33　瓜实蝇为害症状

5. 生物学特性

瓜实蝇是完全变态发育昆虫。瓜实蝇老熟幼虫具有强烈的负趋光性，幼虫期的长短不受光照长短的影响，但受温度影响较大。光照下老熟幼虫跳跃到黑暗或隐蔽处化蛹。瓜实蝇成虫则具有强趋光性，在弱光下仅可短距离飞行，对紫色光和白光趋性最强，黄色光次之，红色、绿色和蓝色最差。土壤湿度对蛹的影响很大，如果湿度过大，高温高湿易引起蛹体变黑发臭腐烂（袁盛勇等，2005）。

6. 防治措施

（1）农业防治。①套袋。在成虫产卵前给幼瓜幼果套袋，防止产卵为害。套袋能有效防治瓜实蝇的为害，提高瓜类品质，且不污染环境，但也存在诸多缺点，如费工费时、成本增加等。果实套袋技术旨在保护瓜果，不能降低瓜实蝇虫口数量。②加强田间管理。采取水旱轮作模式，瓜园尽量远离果园，并清除前作残茬。清洁田园，加强田间检查，及时摘除及收集落地烂瓜，并集中处理（喷药或深埋），有助于减少虫源，减轻为害（郑洁红等，2007）。

（2）物理防治。①杀虫灯诱杀。利用瓜实蝇的趋光性，在瓜田周边设置一定数量密度的光源，在灯下放一盆水，水中滴入少量煤油诱杀成虫，降低虫口基数（李红丽等，2017）。②黄板诱杀。通过悬挂黄色瓜实蝇粘胶板诱杀成虫，每亩悬挂10片左右，悬挂于距离枝叶茂盛处10～20cm，放置时要“外围密、中间疏”，避免悬挂于强风、粉尘过多的地方（梁劲，2017）。

（3）生物防治。应用不育技术防治野生实蝇，是目前较为先进和环保的措施。通过释放不育雄虫，可以避免不育的雌虫叮咬瓜果（马锞等，2010）。

（4）化学防治。成虫发生量大的种植园，可在幼瓜期于傍晚用1.8%阿维菌素乳油2 000～3 000倍液、2.5%溴氰菊酯（敌杀死）2 000～3 000倍液、50%灭蝇胺可湿性粉剂1 500倍液、2.8%溴氰菊酯乳油3 000倍液或40%毒死蜱（乐斯本）乳油1 000倍液喷雾防治，隔3～5d喷1次，连续喷施2～3次，喷药时加些糖醋液（药量的3%）效果更好（魏林等，2016）。

参考文献

邓金奇，朱小明，韩鹏，等，2021. 我国瓜实蝇研究进展 [J]. 植物检疫，35（4）：1-7.
李红丽，杨邦贵，刘志刚，等，2017. 瓜实蝇行为学特点与防治对策 [J]. 长江蔬菜（7）：54-55.
梁劲，2017. 玉林市瓜实蝇为害特点及其防治技术 [J]. 长江蔬菜（15）：53-54.
马锞，张瑞萍，陈耀华，等，2010. 瓜实蝇的生活习性及综合防治研究概况 [J]. 广东农业科学，37（8）：131-135.
魏林，梁志怀，胡雅辉，等，2016. 瓜实蝇在苦瓜上的为害特点与防治方法 [J]. 长江蔬菜（9）：50-51.
袁盛勇，孔琼，李正跃，等，2005. 瓜实蝇生物学特性研究 [J]. 西北农业学报（3）：43-45, 67.
郑洁红，方加龙，郑龙，2007. 瓜实蝇生物学特性及综合防治技术 [J]. 吉林蔬菜（4）：33-34.

六、瓜　蚜

1. 分类地位

瓜蚜即棉蚜（*Aphis gossypii*）属半翅目（Hemiptera）蚜科（Aphididae），俗称腻虫、蜜虫等，主要为害温室、大棚和露地的瓜类蔬菜。

2. 形态特征

卵：长0.5～0.7mm，椭圆形，初为橙黄色，后变漆黑色（图5-34）。

图5-34　瓜蚜卵块

若虫：复眼红色，无尾片，共4个龄期。

有翅胎生蚜：体长1.9mm，黄绿色，头部黑色，眼瘤不明显。腹部黄褐色，腹管黑色圆筒形，腹末尾片两侧各具2根刚毛。

无翅胎生蚜：体型较有翅蚜肥大，色浅黄，尾片亦浅黄色，两侧各具2～3根刚毛（图5-35）。

图5-35　瓜蚜成蚜

3. 分布地区

在南繁区均有分布。

4. 为害症状

瓜蚜主要为害温室、露地的黄瓜、南瓜、冬瓜、西瓜和甜瓜以及茄科、豆科、菊科、十字花蔬菜。成蚜群集在寄主植物的叶背、嫩尖、嫩茎处吸食汁液，分泌蜜露，使叶片卷缩，瓜苗生长停滞，瓜的老叶被害后，叶片干枯以致死亡，能传播多种植物病毒病（田金凤等，2008）（图5-36）。

图5-36　瓜蚜为害症状

5. 生物学特性

瓜蚜具有较强的迁飞扩散能力，主要是靠有翅蚜的迁飞，无翅蚜的爬行及借助风力的携带，在寄主间转移、扩散。一日之中，其迁飞高峰通常在7—9时和16—18时，具有向阳飞行的特点。瓜蚜无滞育现象，无论在南方或北方均可周年发生，在华南和云南等地可终年进行无性繁殖。瓜蚜的生长发育与温湿度有密切关系，瓜蚜繁殖的最适宜温度为16～20℃，北方温度在25℃以上，南方在27℃以上，即可抑制其发育（田金凤等，2008）。

6. 防治措施

（1）农业防治。①合理施肥与灌溉。采用配方施肥技术，禁止过量施用氮肥，合理灌溉可以改善瓜类营养条件，提高植株的抗害能力，加速虫害伤口的愈合，恶化害虫生活条件。②加强田间管理。适时中耕除草，切断害虫营养桥梁，恶化瓜蚜的生存环境，适时间苗、定苗、拔除虫苗，摘除虫叶，减少虫源。

（2）物理防治。①黄板诱杀。利用废旧纤维板或硬纸板，裁成1m×0.2m长条，用油漆涂为黄色，再涂上一层黏油（可使用10号机油加少许黄油调匀），每亩设置32～34块，置于行间与植株等高。当瓜蚜粘满板面时，需及时重涂黏油，一般7～10d重涂1次，以防止油滴在植株上造成伤害。②瓜蚜忌银灰，采用银灰色塑料膜覆盖地面，在温室和大棚周围用10～15cm宽的银灰色膜带悬挂，可起到避蚜作用。

（3）生物防治。①人工饲养七星瓢虫，于瓜蚜发生初期，每亩释放1 500头于瓜株上，控制蚜量上升。②保护好七星瓢虫、蚜茧蜂、食蚜蝇、草蛉等蚜虫天敌，发挥天敌的自然控制作用。也可用细菌性杀虫剂，如Bt，每亩用66.7g的量进行喷施（佚名，2010）。

（4）化学防治。25%扑虱灵乳油1 000倍液对杀死若虫有特效。25%灭螨猛乳油1 000倍液对卵有效。50%灭蝇胺可湿性粉剂500倍液，40%吡虫啉可湿性粉剂4 000倍液，25%氯氰菊酯乳油3 000倍液，1.8%阿维菌素乳油3 500倍液，每隔7d喷施1次，连喷2～3次，防止产生抗药性，可交替用药。

参考文献

田金凤，顾凤娟，2008. 瓜蚜和生物防治 [J]. 农村实用科技信息（7）：61.
佚名，2010. 瓜蚜的发生与防治 [J]. 吉林蔬菜（3）：49.

七、温室白粉虱

1. 分类地位

温室白粉虱（*Trialeurodes vaporariorum*）属半翅目（Hemiptera）粉虱科（Aleyrodidae），为害瓜类、茄果类和豆类等蔬菜（吴菡等，2010）。

2. 形态特征

卵：长0.22～0.26mm，呈椭圆形，具卵柄，初产时为淡黄绿色，孵化前渐变为黑色（图5-37）。

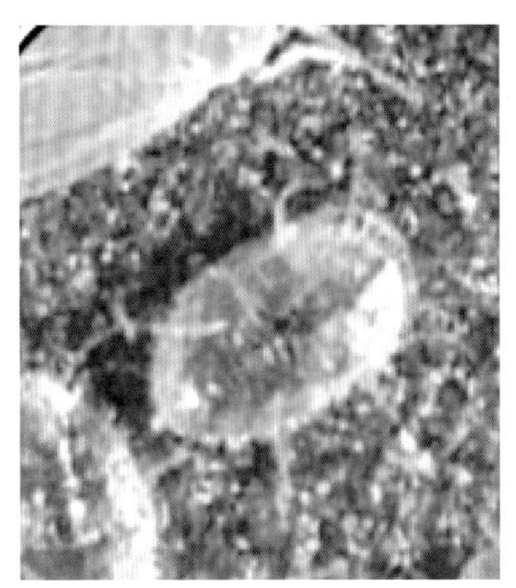
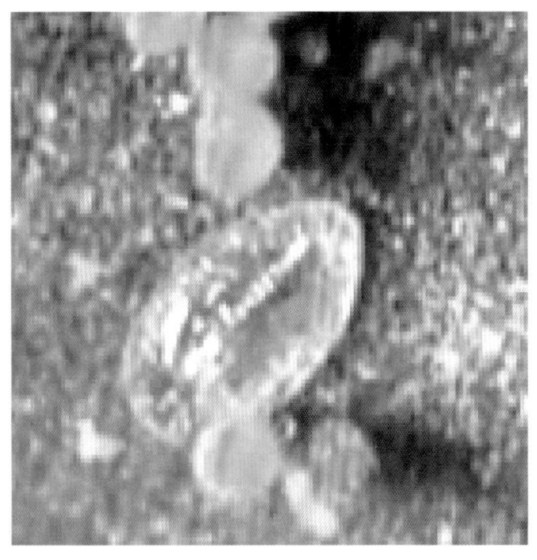

图5-37　温室白粉虱卵

若虫：体长0.29～0.52mm，为扁平椭圆形，淡黄色至淡绿色，体表有长短不一的蜡丝，胸足和触角消失（陈胜奎，2011）。

蛹：又称伪蛹，即4龄若虫，体长0.7～0.8mm，椭圆形，初期扁平，后期逐渐加厚呈蛋糕状，为黄褐色，体侧有刺。

成虫：体长1～1.5mm，淡黄色。翅面覆盖白色蜡粉，静止时双翅在体背合成屋脊状。翅端半圆形遮住整个腹部，外观全体呈白色。触角7节，基本膨大，末端具刚毛（张红娟等，2016）（图5-38）。

图5-38　温室白粉虱成虫

3. 分布地区

在南繁区均有分布。

4. 为害症状

大量的成虫和若虫密集在叶片背面吸食植物汁液，使叶片萎蔫、褪绿、黄化甚至枯死，还分泌大量蜜露，引起煤污病的发生，严重影响光合作用（陈胜奎，2011）（图5-39）。

图5-39 温室白粉虱为害症状

5. 生物学特性

温室白粉虱成虫有明显的趋嫩性，对黄色有强烈趋性，但忌白色、银白色，不善于飞翔（吴菡等，2010）。温室白粉虱以两性生殖为主，也可营孤雌生殖，成虫喜群集于植株上部嫩叶背面并在嫩叶上产卵，有时排列成弧形，卵柄从气孔插入叶片组织中，与寄主植物保持水分平衡，极不易脱落。随着寄生植物的生长，各虫态在植株上的垂直分布呈规律性，即新产的绿卵集中在上部叶片，稍下的叶片是黑卵，再往下依次为初龄若虫、老龄若虫和新羽化的成虫（孙宏君等，2008）。

6. 防治措施

（1）农业防治。①清洁温室。在上茬作物收获后，及时拔秧，并清除残根、枯枝、落叶、杂草及病虫残体，移出棚外，烧毁或深埋。②培育无虫苗。在温室内育苗应用棚膜将育苗床与其余部分隔开，在通风口密封尼龙纱，发现有白粉虱应及时喷雾防治。③合理安排茬口。在温室白粉虱发生严重的棚室，不宜再种植果菜，应改种芹菜、韭菜等温室白粉虱不喜食的作物。

（2）物理防治。①黄板诱杀。裁剪废旧的硬纸板，将其涂成黄色，并在其表面加上一层黏油，保障其与作物的高度一致。当白粉虱粘满面板时，需重新涂油，保障其吸引度。在这个过程中需避免油滴对作物带来伤害（孙宏君等，2008）。②覆盖防虫网。在种植棚内用防虫网封闭通风口或者设立隔离门，有条件的可用2道防虫门设置一个缓冲间，中间悬挂3～5块黄板，效果更佳（张红娟等，2016）。

（3）生物防治。在保护地内成虫数量低于每百株50头时，释放丽蚜小蜂“黑蛹”300～500头，10d左右放1次，连续放蜂3～4次，可有效控制温室白粉虱种群增长，寄生率可达75%以上。放蜂期间可施用25%灭螨锰可湿性粉剂1 000倍液，防治温室白粉虱的成虫、若虫和卵，而不影响丽蚜小蜂的生长繁殖（蔡振刚，2017）。

（4）化学防治。由于白粉虱世代重叠，在同一作物、同一时间上存在各虫态。所以，在化学防治中，必须采取连续几次用药的措施。用10%扑虱灵1 000倍液，对温室白粉虱有特效；灭杀毙即21%增效氰·马乳油3 000倍液，天王星即联苯菊酯2.5%乳油2 000倍液可杀成虫、若虫、假蛹；亩用10%吡虫啉可湿性粉剂15g加1.8%阿维菌素兑水均匀喷雾，每隔6～7d用1次，连喷4～5次，防冶效果在85%以上（肖永侠，2016）。

参考文献

蔡振刚，2017. 温室白粉虱 [J]. 农民致富之友（1）：77.

陈胜奎，2011. 温室白粉虱的发生为害与防治策略 [J]. 农业科技与信息（9）：23.

孙宏君，徐金芳，闫彤海，2008. 温室白粉虱的生活规律与防治措施 [J]. 农业科技通（6）：169-171.

吴菡，谢建华，2010. 温室白粉虱与烟粉虱的形态及为害特征鉴别 [J]. 农技服务，27（7）：878-879.

肖永侠，2016. 温室白粉虱的危害及防治对策 [J]. 河南农业（2）：36.

张红娟，王乐涛，2016. 温室白粉虱综合防治 [J]. 西北园艺（蔬菜）（6）：39-40.

八、花蓟马

1. 分类地位

花蓟马（*Frankliniella intonsa*）属于缨翅目（Thysanoptera）蓟马科（Thripidae）的一种。寄生于棉花、甘蔗、稻、豆类及多种蔬菜。

2. 形态特征

卵：肾形，长0.2mm、宽0.1mm。孵化前显现出两个红色眼点。

若虫：2龄若虫体长约1mm，基色黄；复眼红；触角7节，第3节、第4节较长，第3节有覆瓦状环纹，第4节有环状排列的微鬃；胸、腹部背面体鬃尖端微圆钝；第9腹节后缘有一圈清楚的微齿。

成虫：体长1.4mm，褐色，头、胸部稍浅，前腿节端部和胫节浅褐色；前翅微黄色，腹部1～7背板前缘线暗褐色，头背复眼后有横纹；单眼间鬃较粗长，位于后单眼前方，触角8节，较粗，第3节、第4节具叉状感觉锥；前胸前缘鬃4对，亚中对和前角鬃长，后缘鬃5对，后角外鬃较长；雄虫较雌虫小，黄色，腹板3～7节有近似哑铃形的腺域（图5-40）。

图5-40 花蓟马成虫

3. 分布地区

在南繁区均有分布。

4. 为害症状

成虫、若虫多群集于花内取食为害，花器、花瓣受害后白化，经日晒后变为黑褐色，为害严重的花朵萎蔫。叶受害后呈现银白色条斑，严重的枯焦萎缩（蒋万峰等，2022）（图5-41）。

图5-41 花蓟马为害症状

5. 生物学特性

成虫有很强的趋花性，卵大部分产于花内植物组织中，如花瓣、花丝、花膜、花柄，一般产在花瓣上，但在瓜类植物上产于叶片背面表皮内。每雌产卵约180粒。产卵历期长达20～50d。成虫和若虫都可为害瓜类植物，成虫喜在嫩叶背面边缘取食，瓜类植物受害主要在子叶期，第1～2片真叶开展后，叶片及嫩芽受害均不显著。成虫以清晨和傍晚取食最盛，白天多在叶背隐藏潜伏。

6. 防治措施

（1）农业防治。合理施肥，避免过度施肥，特别是氮肥，以免吸引花蓟马。作物轮作，减少花蓟马的为害。

（2）物理防治。使用黄色或蓝色粘虫板，花蓟马容易被这些颜色吸引，可有效捕捉成虫。遮阴或设置网帘可以阻挡花蓟马进入温室或田地。

（3）生物防治。利用天敌如螳螂、蜘蛛和瓢虫等对花蓟马有很好的控制效果。使用特定的病原微生物或寄生性昆虫对花蓟马的幼虫进行控制。

（4）化学防治。使用农药如25%噻虫嗪水分散粒剂、10%氯氰菊酯乳油等。使用时需按照说明书上的推荐比例进行稀释，并进行均匀喷雾。早晚喷药，避免阳光直射，提高药效并降低对蜜蜂和其他益虫的伤害。

参考文献

蒋万峰，张玲，方玲，等，2022. 哈密地区棉田蓟马成灾特点及综合防控技术 [J]. 新疆农垦科技，45（6）：24-25.

九、棕榈蓟马

1. 分类地位

棕榈蓟马（*Thrips palmi*）属于缨翅目（Thysanoptera）蓟马科（Thripidae）蓟马属（*Thrips*），又名节瓜蓟马、瓜蓟马、棕黄蓟马、南黄蓟马（王春慧等，2021）。

2. 形态特征

卵：具有呈白色针点状的初产卵痕，初产卵为白色透明状的长椭圆形卵粒，0.2mm左右；卵孵化后，卵痕呈现黄褐色（王泽华等，2013）。

若虫、伪蛹：棕榈蓟马属过渐变态昆虫，初孵若虫呈白色，复眼红色；1～2龄若虫淡黄色，无单眼；3龄若虫（预蛹），体淡黄白色，触角向前伸展；4龄若虫又称蛹，体黄色，3只单眼，触角沿身体向后伸展。

成虫：棕榈蓟马通常以雌成虫作鉴定虫态。雌成虫体色呈金黄色，头近方形，3只单眼呈三角形排列，触角共7节，第3节与第4节上有明显的叉状感觉锥，前胸后缘鬃有6根，中央2根较其余4根稍长。后胸盾片具1对钟形感觉器，腹节末端具完整后缘梳。翅着生有细长缘毛，前翅10根上脉鬃，11根下脉鬃（王泽华等，2013）（图5-42）。

图5-42 棕榈蓟马成虫

3. 分布地区

在南繁区均有分布。

4. 为害症状

棕榈蓟马是以锉吸式口器取食植物幼嫩组织或于其中产卵形成直接为害，受害叶片卷曲皱缩，变形并老化；花器变色或小斑点显现；果实锈褐色疤痕现于表皮、畸形甚至脱落，果皮硬化，严重时形成疮疤。棕榈蓟马以传播植物病毒的方式对植物造成间接为害，且间接为害的损失明显大于直接为害，可传播植物病毒有花生黄斑病毒、番茄斑萎病毒、凤仙花坏死斑病毒等，另发现棕榈蓟马亦可传播一种新的甜瓜黄斑病毒，此外，棕榈蓟马还具有传播辣椒褪绿病毒的潜在可能性（图5-43）。

图5-43 棕榈蓟马为害症状

5. 生物学特性

棕榈蓟马主要生殖方式为产雄孤雌生殖和两性生殖，在恒温条件下（24.5～25.5℃），棕榈蓟马进行孤雌生殖或两性生殖时的产卵量并没有明显差别。棕榈蓟马对光源及颜色均具有一定趋性，成、若虫具有强烈趋光性和趋嫩性。成虫在土内羽化后就会循着光线向地上爬行，然后聚集在植株的心叶、嫩芽等幼嫩组织内取食为害（孙士卿等，2010）。

6. 防治措施

（1）农业防治。选育抗棕榈蓟马的节瓜、黄瓜和茄子等寄主植物、培育健壮植株以提高植株的抗逆性，恶化棕榈蓟马生存环境，清除田间病株、杂草等措施均能有效降低棕榈蓟马的为害。此外，可根据棕榈蓟马的入土化蛹习性，使用地膜覆盖法阻断棕榈蓟马入土化蛹，使棕榈蓟马脱水死亡，此法可有效降低棕榈蓟马虫口密度。

（2）物理防治。防治棕榈蓟马的物理措施主要是利用其对温度的适应性及对光线及颜色的趋性采取的防治措施。首先，棕榈蓟马对温差十分敏感，在其入土化蛹并羽化后向地上爬出时，通风降低温室内温度可使该虫死亡，如此反复几次后死亡率可达90%以上。其次，棕榈蓟马成、若虫都对光线和蓝色表现出强的趋向性，可采取夜晚悬挂诱捕灯，白天放置蓝色粘虫板等措施来进行捕杀（张玉坤等，1998）。

（3）化学防治。首选药剂为10%吡虫啉可湿性粉剂2 000倍液，对该虫的防效高达91.4%～100%；1.8%阿维菌素2 000～3 000倍液或2%甲氨基阿维菌素苯甲酸盐2 000倍液喷雾，防治效果可达96%以上，也可用5%啶虫脒2 000倍液或10%甲氰菊酯乳油1 000～1 500倍液交替喷雾。每个嫩梢或心叶有成虫3～5头时，及时用药防治。施药时要喷雾均匀，喷及嫩梢及叶片背面，地上杂草也要施药，间隔7～10d，连续防治2～3次。棕榈蓟马已经产生抗药性的杀虫剂要慎用或不用，以避免抗药性继续发展（王泽华等，2013）。

参考文献

孙士卿，邓裕亮，李惠，等，2010. 棕榈蓟马研究综述 [J]. 安徽农业科学，38（23）：12538-12541，12587.

王春慧，丛林，包文学，2021. 蓟马属（*Thrips* Linnaeus）4种蓟马简易鉴别方法 [J]. 东北林业大学学报，49（11）：84-87，94.

王泽华，石宝才，宫亚军，等，2013. 棕榈蓟马的识别与防治 [J]. 中国蔬菜（13）：28-29.

张玉坤，刘云虹，徐风勇，1998. 保护地蔬菜棕黄蓟马发生特点及综合防治技术 [J]. 吉林蔬菜（4）：11.

十、茶黄螨

1. 分类地位

茶黄螨（*Polyphagotarsonemus latus*），蜱螨目（Acarina）跗线螨科（Tarsonemidae），别名侧食跗线螨、茶嫩叶螨。

2. 形态特征

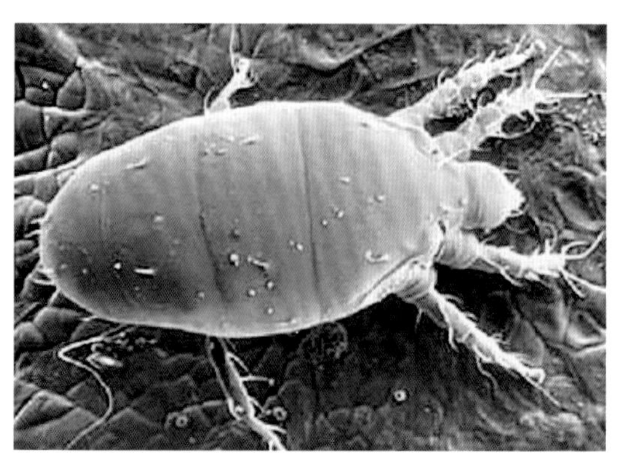
图5-44　茶黄螨成螨

卵：椭圆形，底部扁平，无色透明，卵壳表面有6～8列排列整齐的乳白色突起约38个。

幼螨和若螨：幼螨近圆形或菱形，足3对，乳白色至淡绿色；若螨纺锤形，足4对，淡绿色。

成螨：体长0.19～0.21mm，白色或淡黄色，半透明，肉眼难以观察。雌螨体圆锥形，雄螨长椭圆形，雄螨大小仅为雌螨的1/4（聂克艳等，2009）（图5-44）。

3. 分布地区

在南繁区均有分布。

4. 为害症状

成螨和幼螨集中在植株幼嫩部位刺吸汁液，使嫩茎、嫩叶、花蕾、幼苗不能正常生长，手持放大镜，就可看见嫩叶背面的螨虫。受害叶增厚僵硬，叶片正面绿色，背面茶褐色，具油质状光泽或呈油浸状，叶缘向下卷曲、皱缩。受害的嫩茎枝变黄褐色，扭曲畸形，植株矮小丛生，甚至干枯秃顶。受害的蕾和花，重者不能开花、结果。果实受害，果柄、萼片及果皮变为黄褐色，失去光泽。果实生长停滞，变硬，失去商品价值。受害严重者，落叶、落花、落果，大幅度减产（胡全平，2007）（图5-45）。

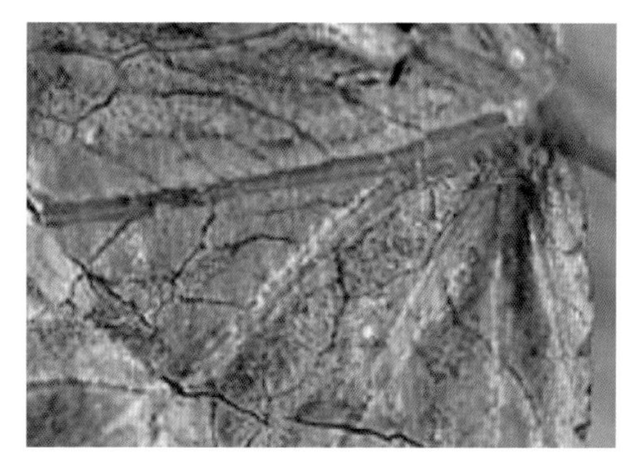

图5-45　茶黄螨为害症状

5. 生物学特性

茶黄螨可孤雌繁殖，在温暖、高湿的环境条件，有利于其发生。当取食部分变老时，成螨会立即向新的幼嫩部位转移。其在大棚温室内繁殖为害，成螨和幼螨开始多栖息在嫩叶背面吸食汁液，严重时，转向嫩果为害。有明显的趋嫩性，雄成螨具有携带雌若螨向植株上部幼嫩处迁移的能力和习性。雌若螨蜕皮变为成螨后，雄成螨即与其交配产卵，卵多散产在嫩叶背面和嫩果凹洼处。

6. 防治措施

（1）农业防治。①加强田间管理，培育壮苗壮秧，适当增加通风透光量，防止徒长、疯长，有效降低田间相对湿度，从生态环境上打破茶黄螨发生的气候规律，减轻为害程度。加强栽培管理，选光照条件好、地势高、排水良好的地块合理密植。②清洁田园，铲除田边杂草，消灭虫源。蔬菜收获后及时清除枯枝落叶、落果，拔除杂草，集中烧毁，同时深翻耕地，消灭虫源。③合理轮作倒茬，使用腐熟有机肥，追施氮、磷、钾速效肥，控制好浇水量，雨后加强排水、浅锄。及时整枝，合理施肥，盛花、盛果前不施过量化肥，尤其是氮肥，避免植株生长过旺（靳艳革等，2008）。

（2）生物防治。畸螯螨及某些捕食性的蓟马、小花蝽等均为茶黄螨的自然天敌（王子崇等，2005）。黄瓜钝绥螨对茶黄螨雌成螨具有很强的捕食能力，将人工繁殖的黄瓜钝绥螨向田间释放，可有效控制茶黄螨为害。

（3）化学防治。喷药重点是嫩叶、嫩茎、花和幼果，叶背着药是关键。茶黄螨点片发生时，可用1.8%阿维菌素乳油2 000～3 000倍液，或5%尼索朗乳油2 000倍液，或15%哒螨灵乳油3 000倍液，或73%克螨特乳油1 000倍液，或25%螨猛1 500倍液，或10%螨死净3 000倍液，或10%浏阳霉素乳油1 000～1 500倍液，或5%卡死克乳油1 000～1 500倍液等进行防治（靳艳革等，2008）。

参考文献

胡全平，2007. 蔬菜茶黄螨的发生规律 [J]. 山西农业（致富科技）（6）：40.

靳艳革，岳振平，张雪平，2008. 茄果类蔬菜茶黄螨的发生与防治 [J]. 黑龙江农业科学（6）：75-76.

聂克艳，郅军锐，2009. 茶黄螨在蔬菜上的发生及防治研究进展 [J]. 贵州农业科学，37（11）：98-100.

王子崇，杨红丽，2005. 日光温室蔬菜茶黄螨的无公害防治技术 [J]. 河南农业科学（10）：112-113.

十一、朱砂叶螨

1. 分类地位

朱砂叶螨（*Tetranychus cinnabarinus*）属真螨目（Acariformes）叶螨科（Tetranychidae）叶螨属（*Tetranychus*），又称红蜘蛛，俗称“红蛐”“蛐虱子”。

2. 形态特征

卵：圆球形，直径0.10～0.12mm，有光泽，初产时透明无色，后渐变为深暗色，孵化前卵壳可见2个红色眼点。

幼螨：体半球形，长约0.15mm，浅黄色或黄绿色，体背有染色块状斑纹，足3对。

若螨：体椭圆形，长约0.2mm，足4对，体色变深，体侧出现深色斑点，分为第1若螨和第2若螨两个时期。

雌成虫：体长0.28～0.52mm，每100头大约2.73mg，体红色至紫红色（有些甚至为黑色），在身体两侧具有一块三裂长条形深褐色大斑。体末端圆，呈卵圆形。

雄成虫：体长0.4mm，菱形，一般为红色或锈红色，也有浓绿黄色的，足4对（王泽华等，2013）（图5-46）。

图5-46　朱砂叶螨成螨

3. 分布地区

在南繁区均有分布。

4. 为害症状

朱砂叶螨刺吸为害叶子背面，以成螨或若螨集聚成橘红色至鲜红色的虫堆为害叶片，被害叶片上出现许多细小白点，严重时叶片成沙点，黄红色，即火龙状，导致植株失绿枯死，背面有吐丝结一层白色丝网，影响叶片的光合作用。在植株幼嫩部位即生长点刺吸汁液，造成秃顶（图5-47）。

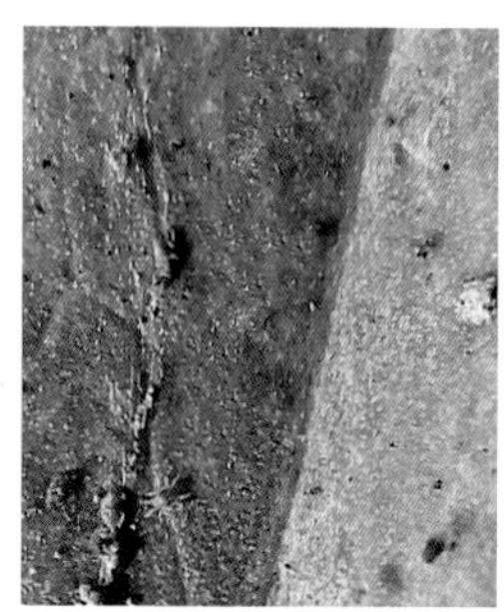

图5-47　朱砂叶螨为害症状

5. 生物学特性

幼螨和前期若螨不甚活动。后期若螨活泼贪食，有向上爬的习性。先为害下部叶片，而后向上蔓延。繁殖数量过多时常在叶端群集成团滚落地面，被风刮走，然后向四周爬行扩散。朱砂叶螨最适温度为25～30°C，最适相对湿度为35%～55%，因此高温低湿的6—7月为害重，尤其干旱年份易于大发生。当温度达30°C以上和相对湿度超过70%时，不利其繁殖，暴雨对其有抑制作用（刘波等，2007）。

6. 防治措施

（1）农业防治。合理深耕和灌溉，合理的耕作制度即可杀死大量螨源。丝瓜和茄子间作，可使茄子免遭叶螨的为害（刘波等，2007）。

（2）生物防治。①利用捕食螨防治。捕食螨是最重要的叶螨捕食者，其中植绥螨是最大的类群。胡瓜钝绥螨是目前在生物防治中应用较为成功的捕食性天敌之一，可作为天敌应用到蔬菜园控制叶螨的种群增长。把捕食螨装入含有适量食物的包装袋中，每袋2 000只，然后挂在植株上就可释放出捕食螨，抑制害螨效果好（徐洪等，2017）。有条件的地方可加以保护或引进释放捕食性螨中的植绥螨类、拟长毛钝绥螨等。合理和适时选择性使用药剂，稳定天敌的食物链，在允许的为害水平之下残留部分害螨，以保障天敌生存的必要条件（庄莹，2013）。②利用捕食性昆虫防治。目前，已经明确中华草蛉、东亚小花蛾、塔六点蓟马和深点食螨瓢虫等昆虫对叶螨具有一定的控制作用（徐洪等，2017）。

（3）化学防治。化学防治仍然是目前害虫防治的主要措施。由于螨类为害的日益加重，生产上出现了大量的专用杀螨剂，如三氯杀螨醇、哒螨灭、杀螨可达、克螨特、霸螨灵等，还有一些杀螨剂，如乐果、溴氰菊酯等（刘波等，2007）。

参考文献

刘波，桂连友，2007. 我国朱砂叶螨研究进展 [J]. 长江大学学报（自然科学版）（3）：9-12.

王泽华，宫亚军，魏书军，等，2013. 朱砂叶螨的识别与防治 [J]. 中国蔬菜（5）：27-28.

徐洪，何永梅，2017. 朱砂叶螨的识别与综合防治 [J]. 农村实用技术（7）：46-47.

庄莹，2013. 花卉朱砂叶螨生活习性与防治 [J]. 福建农业（3）：23.

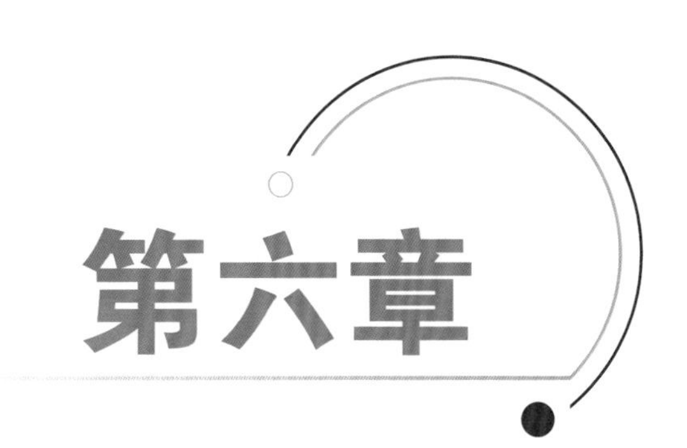

第六章

恶性杂草——假高粱

1. 分类地位

假高粱（*Sorghum halepense*）属禾本科（Gramineae）高粱属（*Sorghum*）植物，著名的恶性杂草之一，原产地中海地区，现北纬55° 至南纬45° 间的58个国家和地区都有分布，对各国的农业生产构成严重危害（廖飞勇等，2015）。

2. 形态特征

多年生草本，秆直立，高1 ~ 3m，直径约0.5cm。叶片阔线状披针形，长25 ~ 80cm、宽1 ~ 4cm；基部有白色绢状疏柔毛；叶舌长约1.8mm，具缘毛。圆锥花序长20 ~ 50cm，淡紫色至紫黑色；小穗成对，一具柄，一无柄；只有顶端为三生小穗，一无柄，两具柄。果实带颖片，椭圆形，长约1.4mm，暗紫色，被柔毛；第二颖基部带有一枝小穗轴节段和一枚有柄小穗的小穗柄，二者均具纤毛；去颖的颖果倒卵形至椭圆形，长2.6 ~ 3.2cm、宽1.5 ~ 2.0mm，棕褐色，顶端圆，具2枚宿存花柱（图6-1）（廖飞勇等，2015）。

图6-1　假高粱

3. 分布地区

在南繁区均有分布。

4. 生物学特性

温度、光照、水分、土壤等因子影响假高粱的生长，假高粱在浙江温州 1 年内可以 3 熟。近几年假高粱在南繁区出现并有蔓延趋势。基准温度对假高粱根茎的生长有显著的刺激作用，在田间持水量和干旱情况下，假高粱具有更大的相对生长速率、气体交换率和根长比率；在土壤田间持水量下，玉米竞争力强于假高粱；在湿润地区收集的假高粱比75%田间持水量下生长的植物更具有竞争力；在半湿润地区收集的假高粱在干旱条件下以根生长为主（廖飞勇等，2015）。

5. 防治措施

（1）农业防治。①田间管理。经常观察田地，对发现的假高粱植株及时进行人工挖除，特别是在假高粱刚刚发芽或生长初期。②知识普及与培训。对农民和农业工作人员进行假高粱的识别和防治技术培训，提高他们的防治意识和能力。③检疫管理。加强对外来播种材料的检疫，防止带有假高粱的播种材料进入我国，并加强国内各地区之间的检疫，减少假高粱的传播和蔓延。

（2）物理防治。对混杂在粮食、苜蓿和豆类种子中的假高粱种子，可以使用风车、选种机等工具进行分离和清除。

（3）生物防治。利用白萝卜对假高粱的生长产生抑制作用。也可利用昆虫取食假高粱，减轻其为害。

（4）化学防治。可以采用10%尿素和15%碳酸氢铵来灭杀假高粱的种子。使用咪唑乙烟酸、甲氧咪草烟、草铵膦、烯草酮加草铵膦等农药可以有效地杀死大部分的假高粱植株。

参考文献

廖飞勇，夏青芳，蔡思琪，等，2015. 假高粱的生物学特征及防治对策的研究进展 [J]. 草业学报，24（11）：218-226.